終わらない河口堰問題

長良川に沈む生命と血税

伊東祐朔
元長良川下流域生物相調査団事務局長

築地書館

もくじ

第二章　河口堰竣工後……110

第三章　河口堰稼働後の長良川……162

エピローグ……197

プロローグ

川下から上流へ押し流される？

「がんばれ！」「どうしたっ？」「だいじょうぶかっ？」……

茫然としました。騒然としました。何が起こったのかわかりません。

それまで、上流から河口に向かって流れ下っていた丹羽宏さんが急に進路を阻まれ、もがき始めたのです。

川面はこれまでと違い、荒々しく波立っています。

必死に水をかき、前進しようとしているのですが、上流へと押し流され始めました。私たち岸に立つサポート隊のメンバーは「岸へ上がれ」と大声で叫びました。私たちの声が聞こえたのか、聞こえなかったのか、丹羽さんは必死に岸へ泳ぎ着きました。それでも相当上流へ押し返されています。

長良川が逆流を始めたのでした。

ここは長良川の河口から約三五キロ地点、新幹線の鉄橋付近です。全く想定外の出来事でした。丹羽宏さんの川下り二日目、一九九二年八月二三日のことでした。

環境問題の専門家であり、岐阜県自然環境保全連合の執行部長でもある丹羽宏さんが、長年勤めた教員生活の定年退職を記念して、鵜飼で有名な岐阜市の長良橋の真下（河口から五二・八キロ地点）から河口堰建設現場（河口から五・四キロ地点）までの約五〇キロを流れに乗り、泳ぎ下ろうと計画しました。

流れに身を任せるといっても五〇キロ弱もの距離です。川の中には岩もあります。流れの激しい場所もあります。決して安全とは言えません。

私たちも、丹羽さんの川下りをサポートしようと、岸辺を走る者、車で先回りをして安全を確かめる者、丹羽さんと一緒に流れ下る者等、サポート隊を編成しました。

岸辺にいる者全員、恐怖心に駆られ、一斉に大声で呼びかけました。「岸へ戻れ！」「こちらへ来い！」と。

川下から押し寄せる流れと格闘し、ようやく丹羽さんは岸辺にたどり着いたのでした。

一同何が起こったのかわかりません。

「伊勢湾の満潮による影響……？」「まさか……」

河口から四〇キロも上流です。それまで興味を持たず、ほとんど何も知らなかった私は、伊勢湾の満干による潮汐《ちょうせき》の影響が表れるのは、伊勢大橋付近まで、すなわち、河口から一五キロ地点付近までと思い込んでいました。

取材を兼ねてサポート隊に加わっていた新聞記者の一人が『潮時表《しおどきひょう》』（名古屋港の満干時刻表）を調べました。

やはり満潮時は、約二時間前。伊勢湾の満潮により川が逆流していることがわかりました。上流からの川の流れと、満潮による海からの逆流とがぶつかり合っているのですから、激しい波立ちも納得できます。

ともかく、この日の川下りはあきらめ、日を改め伊勢湾（潮時表では名古屋港）の干潮時刻に合わせ、この地点から目的地までの川下りを成功させました。

丹羽さんが長良橋の真下、五二・八キロ地点を出発したのが一九九二年八月二二日午後一時でした。長良川での水難事故が報道された直後のことでもありました。

サポート隊の中にも心配そうな顔をしている者、丹羽さんの快挙を信じてニコニコしている者。「丹羽さんが死んだら河口堰建設は中止になるだろうか」等、不謹慎な言葉も聞こえました。

「丹羽さんの快挙を祈念して」と記念写真を撮影しました。

この時も「これが丹羽さんの葬儀用の遺影になる」との声も聞こえました。本心ではなく冗談だったとは思いますが。

川下りと言っても約五〇キロもの距離です。

河口より一五キロ地点（千本松原公園の上限付近）より下流ではほとんど流れはありません。

当初より一日で目的地へ到達できるとは考えてもいませんでした。

サポート隊による念入りな調査の後、休息場所、備品の調達、食事の準備、テントの準備等も怠りませんでした。しかし逆流については誰の頭にもありませんでした。

結局、潮時表を頼りに目的地にたどり着けたのは九月一三日午前一一時のことでした。

途中悪天候に祟られ、サポート隊に加わる人の勤務の都合等々、結局二〇日以上の日時を費やしてしまいました。

最初は一～二日の工程と、たかをくくっていましたが、そんな生易しいものではありませんでした。

九死に一生を得た足立さん

サポート隊として足立孝さん（建築士）、千藤克彦さん（中学校教師）、長野浩之さん（建設業）等、数名が日替わりで参加し、丹羽さんと共に流れ下りました。

初日・八月二二日のことでした。丹羽さんと共に流れへ入った足立さんは、水の澄んだ川底で群れ泳ぐ、数々の魚に目を奪われ、早い流れに身を任せて下っておりました。

彼は万が一、丹羽さんに異変があった時の準備として「浮き輪」をロープで腰に縛り付けていたのでした。

不規則な水の流れにより、横になり、前になり、後ろになりと彼と浮き輪は距離を置いて流れ下っていたのでした。

ところが、そのロープが水中に突き出ていた棒杭に絡まってしまったのです。

急流で身体は押し流され、浮き輪は棒杭に絡まり、身動きができずに、もがき、相当量の水を飲み、「死」すら頭をよぎったと言います。

陸上のサポート隊の面々も、一緒に流れ下る者も、丹羽さんのみに集中しており、当初足立さんの異変に気づく者はいませんでした。

ともかく、足立さんは独力で絡まったロープを解き、丹羽さんを含めサポート隊全員「ホッ」と胸をなで下ろしたものでした。

無事であったものの、当初想像もしなかった事故に二度も遭い、自然の、川の恐ろしさを痛感した出来事でした。

丹羽さんの川下りにより、感潮域が当初考えられていた、一五キロ地点より二五キロも上流にまで達していることを知ったことが、後に「長良川下流域生物相調査団」の調査項目追加の大きな切っ掛けにもなりました。

今後、この潮汐に関する言葉が何度も出てきますので、蛇足かもしれませんが、簡単に述べておきます。

潮汐——月と太陽の引力によって、海水面が周期的に昇降する現象。高くなった時が満潮、低くなった時が干潮。

プロローグ

大潮――干満の差が大きい状態、太陽、月、地球が一直線に並び、太陽と月の引力が重なり海面の変化が大きくなる。旧暦の一日、一五日前後に起こる。
小潮――逆に干満の差が小さい状態。旧暦の八日、二二日前後に起こる。
中潮――大潮と小潮の中間。
若潮――小潮から大潮へ向かう時期、潮がよみがえるとの意味。

第一章　河口堰建設前夜

長良川下流域生物相調査団結成

一九六八年長良川河口堰の建設基本計画が閣議決定されましたが、地元の反対が多く、立ち消えかと思われていました。

しかしその一〇年後、一九七八年ついに岐阜県知事が着工に同意したとの報道に、清流長良川の行く末に心配や反対の声が湧き上がりました。

この一〇年の間、地元民の理解が得られず、地元行政も同意はできなかったのですが、建設省によりさまざまな手回しや懐柔がなされ、岐阜県知事も同意せざるを得なかったようです。

長良川と言えばアユ、アユと言えば鵜飼、鵜飼と言えば長良川。

岐阜市のシンボルであり、観光の目玉でもあります。

岐阜市内の長良川で催され、一三〇〇年の歴史を誇る鵜飼は、夏の風物詩としてあまりにも有名です。

古来より鵜飼で捕獲したアユの一部は天皇家に献上され、その捕獲場所は御漁場と呼ばれ、宮内庁式部職の肩書を持つ鵜匠頭が、鵜を操り、献上アユを捕獲しています。

その鵜匠頭であった山下善平さんが、いち早く河口堰建設に反対を表明されました。

行政の計画に宮内庁式部職の立場にある山下さんが反対の意向を表明するのは、なみなみならぬ決意の表れだと思いました。


怖いもの知らずの私は、氏の真意が知りたく山下邸を訪れました。

快く私の訪問を受け入れた山下鵜匠は、かつて化学の研究に携わっておられたとのこと。科学的に堰が及ぼす清流への影響、アユや鵜飼に与える影響などについて解説し、河口堰建設に反対する理由を語られました。

話が、鵜飼の主役である鵜に及び、日本で見られる鵜はウミウ、カワウ、ヒメウ、チシマウガラスの四種で、そのうち、前三種が日本で繁殖していること、長良川鵜飼の主役である鵜はカワウではなく、ウミウであることを解説してもらいました。

そして、飛べない鵜・ガラパゴスコバネウへと話が進んだとき、私が「ガラパゴスでコバネウの写真を撮ってきた」と言いました。

「まだコバネウは見たことがない。ぜひその写真を譲ってほしい」と頼まれ、数日後四つ切り（B4）に伸ばし、持参しました。

山下鵜匠はとても喜ばれて「次の機会に食事を共にして、ガラパゴスの話が聞きたい」と誘われたのですが、私のほうから「次の機会」を作る勇気はありませんでした。

残念ながら、新聞で氏の死亡記事を見たのが「次の機会」でした。

葬儀に参列しましたが、これまで経験したことのない、長い長い焼香の行列が、いまだに鮮烈な印象として脳裏から消えません。一九八六年一二月のことでした。

それから二年後の一九八八年、建設反対の声が渦巻く中、環境への配慮が全く行われないまま、長良川河口堰の起工式が挙行されました。

宮内庁式部職まで反対に駆り立てた河口堰です。

山下さんをはじめ多くの市民が抱いていた清流長良川に及ぼす堰の影響には、ほとんど配慮されていませんでした。

私の所属していた岐阜県自然環境保全連合は、他の自然保護団体と提携しながら、当時の環境庁に対して、環境アセスメント（影響評価）を行うように何度も要望を続けました。

何度要望してもその都度、回答は「法的根拠がないので、要望には応じられない」の一点張りでした。

長良川は本流にダムのない、本州でただ一つの、かけがえのない自然河川でした（過去形で書かねばならないのが残念です）。

観光鵜飼の舞台であるばかりではなく、県庁所在地であり四〇万都市・岐阜市の真ん中で、水泳など水遊びのできる市民の憩いの場でもあります。

環境庁から優良水浴場としての指定さえされている長良川です。

これほどまでに水質の清らかな河川は本州ではほとんど見当たりません。

長良川は、岐阜の、いや日本の宝なのです。

起工式の報道に、みな一斉に顔を曇らせました。

多くの人々の心配や要望に、聞く耳を持たない当時の建設省や環境庁に対し、私たち岐阜県自然環境保全連合は、「行政が（環境アセスメントを）行わないなら自分たちの手で」と、大学の先生や民間の研究者の協力を得て、長良川下流域生物相調査団を発足させました。一九九〇年秋のことでした。

調査団は、堰建設に「賛成」「反対」の立場はとらず、とりあえず堰が出来上がる前の、長良川下流域の自然をあるがまま、科学的に調査し記録にとどめることを目的としました。長良川下流域の自然を総合的に把握するため、調査団に参加を表明した各個人の興味や専門分野に応じて、植物、哺乳動物、昆虫、野鳥、底性動物、プランクトン、魚類の七班を編成し、それぞれの班が独自に、または合同で調査し、調査計画とその結果を事務局に報告することにしました。

因みに事務局は私が担当することになり、団長には岐阜大学教育学部生物学科の山内克典教授に就任していただきました。

「下流域」と名付けた理由は、「汽水域の上限は河口から一五キロ地点付近であり、河口から五・四キロ地点に建設される堰で海域と淡水域とが分断されるため、堰から上流一五キロ地点付近までの汽水域が淡水化し、影響が表れる」と当時の建設省が説明していたからです。

そこで私たちは、堰建設地点からこの一五キロ地点付近までを調査域と設定し、「下流域」と名づけたのでしたが、厳密に線を引いたわけではありませんでした。

因みに、この一五キロ地点は、千本松原の上限付近です。

ご存じのこととは思いますが、長良川の下流域は木曽、長良、揖斐の三大河川（木曽三川と言います）が接近並行して流れ、かつての洪水多発地帯でした。

その対策として、江戸幕府の命令により薩摩藩が莫大な出費を強いられながらも、揖斐川と長良川を分流させる背割《せわ》り堤《てい》を建設し、その堤防を補強するために松の木を植え、千本松原として親しまれています。

第一回の調査は、班の垣根を超え、調査予定地域全域の下調べを行いました。

五二名が参加しました。一九九〇年一二月一六日のことでした。

無数のベンケイガニ

翌一九九一年、川の水が温むのを待って、魚類班が汽水域上限付近の魚類の種類を確認しようと、汽水域上限と云われていた場所より一キロ上流の一六キロ地点から下流へ向かって、捕獲調査をすることになりました。

それまで魚類にはあまり関心のない私でしたが、事務局長としての立場上、事故も心配で立ち会いました。

この一六キロ地点から下流一五キロ地点へと、マウンドと言って川底が盛り上がった中州が発達しており、さらに中州にも大きな池様の水溜まり（ワンド）があり、魚の種類も多く、生息密度の高い場所です。手始めとしてここから開始しました。

魚類に詳しくはなく、さらに泳げない私は川へは入らず、岸辺に生える松の木陰で皆の作業を見守りました。

岸辺には無数のカニがうごめいています。暇にまかせて捕まえようとしました。「クモの子を散らす」という表現がありますが、まさに「カニを散らす」でした。

私がジッと動かないでいると、地面を覆い尽くしているカニですが、私が少しでも動くと、サッと逃げ足が速く捕まえることができません。

あきらめて松の根元に腰かけていると、また集まってきます。動かないでジッと見続けていると、一匹のカニが、ミミズをハサミで捕まえ食い始めました。

食うことに夢中のこのカニを、捕まえることができました。

恥ずかしいことではありますが、私は川にいるカニは淡水性のサワガニしか知りませんでした。私の捕まえた、サワガニとミミズを魚類班の仲間に見せたところ、ベンケイガニとイトメ（ゴカイの仲間）だと教えられました。

ベンケイガニとイトメ、ともに汽水性の生物です。塩分のない川には棲息しない生物でした。汽水域の上限と云われていた一五キロ地点よりさらに一キロも上流に、汽水性の生物が無数に棲息していたのでした。

魚類班がテントで一泊し、二日がかりで調査をした時のことです。調査に参加した一人の学生が、夜中に尿意で目を覚まし、懐中電灯を片手にテントのジッパーを開け、外へ出ようとすると、カニ、カニ、カニ、一面のカニで足の踏み場もなく、恐怖心にかられ悲鳴を上げたこともありました。

ともかく、この汽水性のベンケイガニが、一六キロ地点に無数に棲息しているのです。この辺りも汽水域に違いありません。塩水が遡上しているに違いないと思いました。

「汽水域はどこまで広がっているのか」が私の興味を刺激しました。

この日から、勤務にさし障りのない限り、長良川の左岸をベンケイガニとイトメの姿を見ながら上流へと歩きました。ベンケイガニは岸辺にいるので見つけるのは簡単ですが、イトメは川底の土の中に穴を掘り潜んでいるので、水位の下がった干潟でしか見つけられず苦労しました。干潟の穴を見つけるのです。

結局、一六キロ地点から、さらに一六キロもの道なき川岸を歩き、ベンケイガニ、イトメの棲息限界は三二キロ地点であることを確認しました。

汽水域は建設省の言う一五キロ地点ではなく、二倍以上も上流にまで広がっているようです。海水の塩分がこの辺りまで遡上しているのであろうと、塩分濃度の測定調査が次の課題として浮上してきました。

ベンケイガニの棲息密度調査

ベンケイガニが河口から三二キロ地点までの岸辺や、アシ原に棲息していることがわかりました。

たくさんとか無数にとか、漠然とではなく、実際にどのくらいいるのか調べる必要性を感じました。

岐阜大学の生物学研究室で会議を重ね、班の枠を超えて調査団全体で調べることになりました。もちろん、主体は底生動物班でした。

前にも触れましたが、逃げ足が速く、とてもカウントはできません。土の中にもぐり、冬眠する時期を待とうということになりました。

最初の調査は、一九九一年の晩秋、一〇月二七日に一八キロ地点で行いました。一メートル四方の方形枠（コドラート）を土の上に置き、その中のカニの数をカウントするのです。

この方形枠は仲間の手作りだったのですが、板に鉋《かんな》をかけ、まるで装飾品のような出来栄えで、泥の上に置くのに気が引けるほど立派な作品でした。

以前無数のカニがうごめいていた松林の地面に、たくさんの穴がありました。地面にコドラートを置き、「コドラート内の穴の数を数えたらよいだろう」との意見もありましたが、一匹のカニが複数の穴を穿ったのかも知れないと考え直し、コドラート内の土を、三〇センチの深さまで掘り起こし、その中のカニを全部捕まえることにしました。

コドラートの周りに、四~五人が集まり土を掘り、出てくるカニをすべて捕まえ、バケツに放り込み、数えました。

なんと、驚きました。最初に調査したコドラート内の穴は六個、土を掘り起こすと一二八匹も現れたのでした。

穴六つにベンケイガニが一二八匹だったのです。

この日、一八キロ地点を五か所調査しました。砂地、ヨシ原、泥地など環境によってばらつきがありましたが、一メートル四方あたり平均三九・八匹をカウントしました。最高が百二八匹。五か所の平均が三九・八匹。この数値に科学性が認められないようですが、ほとんど姿を見せなかった砂地での結果も含めてしまったからでした。

「砂地では越冬していなかった」と言ったほうが正しかったと思います。

もちろん、この初日の不適切なカウントはやり直しています。

何もわからない私たち初心者の、最初の一歩を紹介したまでです。

日を改め、一八キロ地点から上流に向かって一キロごとに各地点五か所ずつを、調査しました。

一番密度が高かったのが二四キロ地点で、一平方メートルあたり平均九一・六匹でした。

調査は左岸のみで右岸は全く行っておりません。

長良川下流域に生息するベンケイガニの個体数を正確に知ることはできませんでしたが、想像を絶する莫大な数です。天文学的数字と言っても過言ではありません。

次に性比を調べると、ほとんど一対一でした。

翌年、繁殖期にメスが抱える卵の数を数えると、七万から一〇万個であることを知りました。生物は雌雄一対で生涯二個体を残せば、個体数を維持できるはずです。ベンケイガニが生涯何度産卵するのかは、確認できていませんが、たとえ一度であるにしても、産卵された卵のほとんどが生育できないことは明らかです。

このほとんどが川に棲む魚などの餌になっているのではないかと考えました。食う、食われる、の関係・食物連鎖の根元の部分にこのカニが存在するのでは、と考えました。

もしそうであるなら、河口堰の影響で、汽水性のこのカニが姿を消すだけでは終わらないはずです。

長良川に棲息するさまざまな生物、アユ、サツキマス、ウナギ等、経済的価値の高い魚介類にも影響が表れるはずです。

食用にできないカニだからと言って無視できない事実だと考えました。

私たちは、このベンケイガニをも含め、私たちの調査結果と建設省の見解との相違点をまとめ、建設省に質問状を提出しました。

建設省中部建設局・水資源開発公団中部支社よりの公式回答

話は逸れますが、質問状の提出と、回答を受け取るまでのいきさつにも、違和感を持ちましたので付け加えておきます。

私たちの調査結果がマスコミ各社に報道され始め、各市民団体からも、建設省に調査の要求が殺到するようになり、建設省も急遽、専門の研究者に委託し調査を始めました。一九九一年のことでした。

この依頼された研究者という方々は、所属する各学会から人選されたのではなかったと関係者から聞きました。堰建設に都合のよい人選ではなかったかと疑いが持たれます。

堰建設の是非を調べる調査であるのなら納得もできますが、建設作業を中止することなく、私たちとほぼ同じ項目での調査がなされました。

私たちの調査に対抗したのでしょうか。

堰建設・運用が絶対的既定の事実であるなら、何のための調査なのでしょうか。税金の無駄遣いの謗りは免れません。

そして、一九九二年四月一日付で『長良川河口堰に関する追加調査報告書』が出されました。

この報告書を発行するまでに二億五〇〇〇万円の経費（私たちの血税）が投ぜられたと言われています。

この報告書にある「追加」という言葉についても少々触れておきます。

これより約三〇年前、一九六〇年に長良川河口ダム構想が持ち上がり、関連して一九六三年に木曽三川資源調査団（略称ＫＳＴ）が結成され、調査結果の報告書が刊行されていましたので、「その不備を補うため」との意味で「追加」と名づけられたものでした。そして、その調査もＫ・Ｓ（資源）・Ｔが示すように、資源すなわち経済的価値が主目的でした。

私たちがこの報告書を精読したところ、項目ごとの結論部は、「堰の影響は少ないものと判断される」に終始しています。

その一部を紹介します。

「河口堰の建設によって汽水性魚や沿岸魚は、河川の中・上流に遡上しなくても生息が可能であり、河口堰の建設によって長良川の汽水域が狭くなる影響はあるが、生息に及ぼす影響は小さいものと判断される」

「シラウオについては産卵のために河川に来遊し、河口海域から淡水域までの広い範囲で産卵することが知られている。長良川河口堰の建設によって汽水域が狭くなること等によりシラウオの産卵場への影響が考えられるが、堰完成後においても河口堰の下流域では引き続き産卵が可能であり、木曽川や揖斐川でも産卵しているので、木曽三川全体では大きな影響はないものと判断される」

としています。どのような調査を行ったのか、なぜそのような結論が導き出されたのか、全く触れられていません。

河口堰ありきの意図を持った者であれば、現場を見なくても、誰にでも書ける空論としか言いようがありません。

かつての木曽三川資源調査の不備を補う「追加調査」であるにしても、問題にされているのは長良川河口堰であり、揖斐川や木曽川について触れるのは場違いです。

「シラウオは長良川で産卵できなくても、揖斐川や木曽川では全く影響はない」と言っています。

この論法は「佐渡のトキは絶滅しても、中国では繁殖しているから絶滅の心配はない」と言っているのと変わらないと思います。

他の項目でも①調査範囲が極めて狭く限定されていること、②量的な調査がほとんどされていないこと、③工事を進めながらの調査であること等、科学的調査とはとても認められる代物ではありませんでした。

そして堰建設による下流域の自然生態系への影響については「世界最新の魚道の設置」ですべてが解決のような主張に対し、私たちは違和感を持ち、建設省に対し質問書を提出することにいました。

建設省・中部建設局訪問

山内克典団長と事務局長の私は一九九二年五月二八日、中部地方建設局を訪れ、問題点を四三項目にまとめた建設大臣宛の文書〝「長良川河口堰に関する追加調査報告書」に対する見解及び質問〟を提出し、一か月以内での回答を求めました。

この時、新聞記者の一人が、事前にコンタクトを取り、担当者と私たちが面会できるよう、準備をしてくれていたことを後から知りました。

新聞記者からの連絡で、私たちの訪問を知った中部地方建設局では、当たり障りのない回答を準備していましたが、到底納得できる代物ではありませんでした。

そこで、再び一か月以内での文書での回答を求めたところ、ほぼ了承が得られたと判断した私たちは、彼らの誠意を信じ待つことにしました。

不信感を抱かせる五か月後の回答

約五か月後の一〇月一九日に建設省河川局と水資源開発公団連名の回答文書『長良川河口堰に関するご質問へのお答え』が、建設省中部地方建設局河川調整課長から私たちの手元に届けられました。

その内容もさることながら、驚きとともに不信感を抱かせたのは、この日より一九日も前の九月三〇日に、マスコミ各社に同一文書が配布されていたことです。

その表紙には、

「扱い・新聞平成四年一〇月一日朝刊以降解禁　テレビ、ラジオ平成四年九月三〇日午後五時以降解禁
同時発表　建設記者クラブ　名古屋建設記者クラブ　岐阜県政記者クラブ　三重県政記者クラブ」

と書かれています。

さらに、「質問にお答えするために『長良川河口堰の質問へのお答え—事業編、追加調査編—』を作成して広く一般に公開することにしました」と明記しています。

私たちの質問に対し、マスコミを通じて国民に河口堰建設の正当性をPRする狙いとしか考えられません。

私たち質問者の目に触れる一九日も前にです。これは国民をだますメッセージです。

この文章の体裁はすべてQ（質問）アンドA（回答）方式になっておりました。

文脈の都合上、ベンケイガニ問題を最初に、私たちの調査結果からの質問と、非科学的な回答を紹介しようと思います。（順序は不同です）。

不誠実な建設省からの回答　その1

Q：長良川に広く生息するベンケイガニ、クロベンケイガニは河口堰の建設により、どのような影響を受けるのでしょうか。

A：ベンケイガニ、クロベンケイガニは、イワガニ科に属するカニで、文献によれば、我が国では房総半島以南の河川に分布しており、これらの親ガニは河川に沿って陸上を降下して、海で幼生を放生し、幼生は河口域の水際で稚蟹に成長し、水際の陸上を遡上します。陸上を歩行移動するこれらのカニについては既設の利根川河口堰の上流においてもクロベンケイガニの生息が確認されており、長良川河口堰完成後も堰上流に歩行移動するものと判断されます。

不誠実な回答です。

三二キロもの距離を、受精卵を抱えた天文学的な数の雌ガニが繁殖期に、ゾロゾロと海へ向かって岸辺を移動する姿を目撃した人はいるのでしょうか。

カニはエラ呼吸で生きています。エラが乾くと呼吸はできません。絶対にあり得ないことです。

この回答を目にした私は思わず「かっぱ　か〜ら〜げ〜て　さんどが〜さぁ」と半世紀も前の流行歌を口ずさんでしまいました。

この歌は股旅物《またたびもの》という、江戸時代の渡世人《とせいにん》（やくざ）を描いた映画の主題歌だったと思います。三波春夫という歌手が唄っていました。

渡世人が合羽と三度笠（顔面が隠れるほど深く作った菅笠）に身を包み、雨風を凌いで旅を続けるのですが、エラ呼吸をするベンケイガニが三〇キロもの旅をするならば、合羽と三度笠で乾燥を避けなければなりません。

こんな姿を想像するだけでも噴き出してしまいます。漫画にもなりません。

なぜこんな、漫画チックな回答を行政が公にしたのでしょうか。

そのヒントが「イワガニ科に属するカニで」の部分にあるのかもしれません。イワガニ科のアカテガニと混同しているのではないかと思います。アカテガニは半島等の山奥に定住し、幼生を放生するために海岸まで結構な長距離を、山を下り歩くことが知られています。

木陰のない堤防を、ベンケイガニが三〇キロも歩くことはあり得ません。

これが、日本政府、旧建設省からの正式回答だったのです。

まして一ミリ前後の小さな稚ガニが、海域から定着地まで、三〇キロもの長距離を歩行移動できるものでしょうか。

全くの欺瞞・利根川河口堰上流のクロベンケイガニ

建設省の回答「既設の利根川河口堰の上流においてもクロベンケイガニの生息が確認されており、云々」は全くの詭弁です。クロベンケイガニが利根川河口堰上流に生息していても、何ら不思議ではありません。棲息しているのが当然です。

長良川河口堰と、利根川河口堰とでは管理の仕方が異なるからです。

利根川河口堰では、シジミの漁獲量を保証するため、堰上流のヤマトシジミなど汽水性生物の棲息を保証するため、堰ゲートを開け閉めし、塩分濃度を調整しているのです。

真水を取る取水口が長良川に比べ上流側にあり、シジミ漁師に配慮することが可能ですが、長良川では取水口が堰の近くに予定されており、このような操作が不可能なため、ヤマトシジミの絶滅を予測し、補償金で解決したことになっているのです。

長良川河口堰では上流側の汽水性生物は生き続けられないのが前提なのです。

一方では補償金でヤマトシジミの絶滅を認め、一方では、ほとんど影響はないと言っているのです。国民を愚弄した回答だと思います。

建設省関連の利根川河口堰に関するホームページにも「河口堰のゲート操作維持管理を行います」の見出しのもと「上流における水利用に影響を及ぼさないよう、塩水遡上防止及び堰上流に生息する生物に配慮を行っています」とはっきりと述べています。

さらにこのQアンドAに「文献によれば」とありますが、文献の書名も著者名もありません。私たちはカニに関する文献を探しましたが、このような非科学的な文献を見つけることはできませんでした。

ベンケイガニの生活史

この建設省からの非科学的回答により、私たちは改めてベンケイガニにこだわりを抱きました。ベンケイガニのライフサイクルを自分たちの手で明らかにしようと考えました。

カニが、冬ごもりから覚め、穴から出始めると、ほとんど毎週、土・日に一八キロ地点へ出かけました。

ライフサイクルと書きましたが、同一個体で継続観察したわけではありません。十八キロ地点での観察結果を、大雑把にまとめたものにすぎないことを、明記しなければなりません。

五月中旬から六月の初めにかけて、地上で、時には樹上で交尾を観察しました。

雄ガニの交尾器（ペニス様器官）は左右一対あり、二か所での交尾を同時に行うようです。

交尾を終えた雌ガニは産卵し、その受精卵一粒ずつすべてを腹に抱きかかえます。抱卵と言います。

約一か月、母親に抱きかかえられた子どもは、受精卵からノウプリゥス、そしてゾエアへと発生、変態します。

一か月後の六月、満月か新月（大潮）の晩、伊勢湾の満潮による逆流で川の水位が上昇した時、母ガニは川へ入り、腹を微妙に振動させ、抱きかかえたゾエア幼生を水の中へ放ちます。放卵（放生）と呼びます。

母ガニは交尾後、産卵、抱卵、放卵と雄に比べ大きなエネルギーを費やしています。

川に放されたゾエア幼生は引き潮に乗って川を下り、伊勢湾に達し、ここでプランクトン生活を送り、メガロパ幼生、そして第一稚ガニへと変態・生育します。

九月の大潮の日、第一稚ガニにまで生育した子ガニは満ち潮に乗って川をさかのぼり、三二キロ地点までの各所の岸辺にたどり着き、この場所に定着することがほぼ明らかになりました。

カニの雌雄

カニの雌雄の見分け方は難しくはありません。腹の幅が広いのが雌。狭いのが雄です。

カニは、エビと同じ（節足動物門・甲殻綱・十脚目）仲間です。エビとの大きな違いは腹です。

エビは腹が発達しているのに対し、カニの腹は退化し胸（胸甲）の下側に折りたたまれています。この折りたたまれた腹部を俗にフンドシとも呼んでいます。

だからフンドシの幅が広いのが雌、狭いのが雄です。

腹部（尾）が発達して長いエビの仲間を長尾亜目、カニの仲間を短尾亜目と分類されています。

前項で、「交尾を終えた雌ガニは産卵し、その受精卵一粒ずつすべてを腹に抱きかかえます」と書きましたが、胸甲とフンドシの間に抱きかかえるのです。

そして約一か月後の大潮の夜、満潮で川の水位が最大限に達した時、母ガニは水の中へ入り、このフンドシをパカパカと振動させ、我が子を流れにゆだねるのです。

絶滅は必至、堰上流のベンケイガニ

決して陸上を歩行移動するのではなく、潮汐の影響で生ずる水の流れに身を任せ、三二キロ地点までの汽水域と伊勢湾の間を回遊し繁殖していることを知りました。

魚類のように自ら回遊するのではなく、流れに身を任せ、受動的に回遊しているのでした。

ベンケイガニ雌

ベンケイガニ雄

河口堰が完成すれば、この回遊は途絶え、ベンケイガニの絶滅は必至だと判断しました。

九月、岸辺に漂着した第一稚ガニの観察で、大変な間違いに気付きました。こんなにも小さなカニを初めて見ました。

目を凝らせば動くので見分けられますが、動かなければ虫眼鏡が必要です。これまで全く気付きませんでした。

ベンケイガニの棲息密度調査で一メートル四方のコドラート内に一二八匹をカウントしたと書きましたが、こんな小さなカニが存在するとは考えてもいませんでした。

川の逆流に乗り、岸辺に漂着した第一稚ガニの甲羅の横幅は約一ミリ、よほど注意深く観察しないと、見過ごしてしまいます。

このカニのライフサイクルを調べるまで、このような小さなカニは全く念頭になく、甲羅の幅が一センチ以下の小さなカニは見過ごしていました。

岸辺に棲息するベンケイガニの個体数は前記の数値より何倍も何十倍も大きくなるだろうことは想像に難くありません。

甲羅の色が赤っぽいベンケイガニのほか、色の黒いクロベンケイガニも少数ですが混ざっていました。この調査では、ベンケイガニとクロベンケイガニをあえて区別せず、すべてベンケイガニと表現しました。ベンケイガニ類と表現すべきだったかもしれません。

三二キロ地点まで生息する多毛類（ゴカイの仲間）——頭（顔）で個体数確認　ゴカイ・イトメ

私が最初に捕まえたベンケイガニは、はさみでミミズをつかまえ、むさぼり食っていたと思ったのですが、ミミズではなく環形動物・多毛類のイトメ（ゴカイの仲間）だと教えられました。

このイトメもベンケイガニ同様、三二キロ地点まで棲息している事実を確認しました。イトメは川底・砂泥の中に潜んでおり、直接目にすることはほとんどありません。干潟の穴で棲息を確認します。

イトメの棲息域を調べていると、イトメよりやや大型のゴカイも二五・五キロ地点にまで棲息していることがわかりました。

ゴカイは海釣りの餌としてもおなじみの生き物であり、イトメとともに淡水域では生きられません。

したがって、これら生物が棲息している地点まで塩水が遡上していることが推測されます。
多分、イトメとゴカイの棲息する上限の違いは塩分濃度によるものだろうと考えました。

イトメ、ゴカイの棲息密度の調査は、名古屋港での干潮時刻の、一時間前から三時間後の四時間をめどに、水が引いた干潟に五〇センチ四方の方形枠を置き、深さ四〇センチまでの泥をすべて採取し、タライに汲んだ水の中で、一ミリメッシュの篩を用いて細かい砂粒を洗い流し、篩に残った多毛類をすべて採取し、一〇パーセントホルマリン液で固定し持ち帰り、実体顕微鏡で個体数を確認しました。

採取までは調査班の枠を超え、休日の干潮時刻に合わせ、多数のメンバーが協力しましたが、持ち帰った後の、顕微鏡を使った緻密な確認作業は、籠橋数浩さん（高校教師）一人に任せました。

イトメやゴカイはミミズ同様切れやすい生き物です。採集時に、二分、三分し、正確な数がカウントできません。

正確を期すために、顕微鏡で頭を確認しカウントしたのだそうです。

冗談かもしれませんが「顕微鏡で頭（顔）を見ていると、イトメやゴカイにも個性がある」

と籠橋さんは言っておられました。それに対し、私も冗談で「顔写真を写して、写真展を開こう」と言ったものでした。

一五キロ地点より上流で、イトメが最も多かったのは二四・五キロ地点で、五〇センチ四方のコドラート内で五八個体、ゴカイはさらに上流の二五・五キロ地点で三〇七個体を数えました。

前述のようにイトメのほうが上流まで生息していますが、棲息密度ではゴカイのほうが上流域という一見矛盾した結果が出ましたが。粘土質を好むイトメに対し、ゴカイは砂質を好むため、干潟が粘土質か砂質かによっても、分布に違いが見られるようでした。

イトメ、ゴカイなどの環形動物は川底の汚れ（有機物）を食料にし、分解し、水質の浄化に役立っておりますし、もちろん食物連鎖の重要な一員を担っているはずです。

イトメの生殖群泳

一九九二年秋、新月（大潮）の寒い晩、満潮時刻の二時間後から、感動的な光景を観察しました。

場所は一四キロ地点、この場所を選んだのは、深夜、安全に観察、撮影しやすい地形であったからです。

川面一面に、数センチの白い紐状《ヒモ》の生き物が浮き上がり、乱舞しながら川下へ下っていきました。

懐中電灯や、撮影機材の照明で照らし、川面をのぞきこんでいた一同、「スゴーイッ」「スゴイ」「スゴイ、スゴイ、スゴイ」「スゴーイッ」。

スゴイの言葉以外はありません。「何とボキャブラリーが少ない！」と嘆かわしくも思いましたが、私自身もこの言葉以外見当たりませんでした。本当に凄かったのです。見渡す限り一面です。

からだいっぱい、はちきれそうに卵子、精子を詰め込んだ紐状の生き物、いや「薄い皮をかむった卵子、精子のかたまり」と言ったほうが妥当かもしれませんが、広い長良川の川面一面を乱舞し、流れ下っていくのです。

生殖群泳と言います。

塩分濃度の高い海域にまで達すると、薄い皮がはじけて放卵、放精し、受精が起こるのだそうです。そして幼生は海域で生育し、満潮時の水の流れに乗って上流へ遡り、汽水域の川底で定住生活をします。

この生殖群泳をする物体はイトメの個体そのものなのか、卵巣、精巣のみが身体の他の部分から離れて浮き上がるのかは確かめていません。

そして海域に達し、卵と精子が合体・受精する瞬間も確かめてはいません。

ともかく、私たちが観察した一四キロ地点より上流から川面一面イトメの卵巣と精巣が流れ下り、流域や海域に棲む魚たちの栄養源として、生態系の重要な役目を担っているであろうことは想像に難くありません。

地元の漁師の方はこの現象が起こった後、数日間は魚が釣れないと言っておられました。

ゴカイの生殖群泳は、イトメの大潮とは違い、小潮の晩、満潮時の二時間後だと地元の漁師の方から教えられました。

私も該当する時刻に何度も足を運び、それらしき光

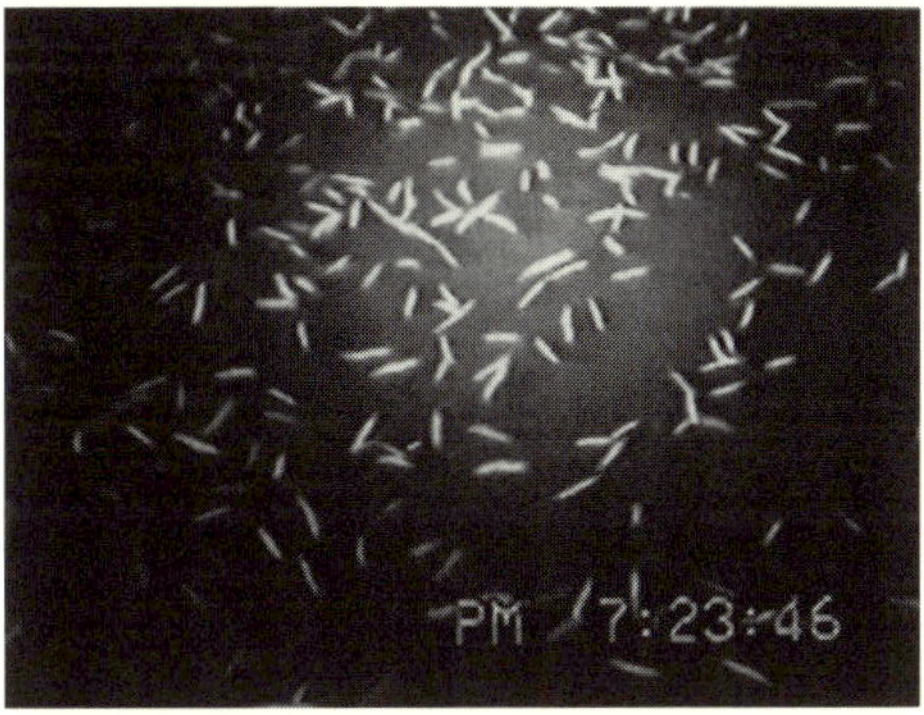

イトメの生殖群泳
（1992年11月25日、12.8㎞地点）

景は見ましたが、イトメのように「スゴーイ、スゴーイッ」は見ることはできませんでした。

このように、昼夜を問わず潮時表を頼りに足しげく現地へ通い観察した結果から、彼ら環形動物は、川の浄化に役立っているばかりか、生態系の一員として重要な役割を担っていることが明らかになりました。

そして堰の建設により、これら重要な生物たちが姿を消し去るであろうことが明らかであると確信しました。

イトメの自切《じせつ》

感動的な生殖群泳を撮影した日から「あの水面を埋め尽くす、大量の無数のイトメは河を下り、伊勢湾で卵子、精子を放出し、生涯を終えるのであろうか。それとも身体の本体は川底の巣穴に留まり、切り離された生殖器官のみが水面に浮き上がり、群れ泳ぐ姿を見せたのであろうか」との疑問を持ち続けました。

周りにいるメンバーに聞いても納得のゆく答えは返ってきません。

翌年春、足立孝さんと二人、塩分濃度の調査に出かけた際、目指す潮時を待ちながら干潟を見ると、見慣れた無数の巣穴がありました。

穴を掘ると大型のイトメが出てきました。

これが、あの生殖群泳に参加した個体であったのか証拠は何もありません。

掘り出したイトメを二匹、水で洗い、写真に収めようとしました。

二匹を並べ構図を考え、ピントを合わせ、測光し、シャッター速度を合わせていると、少々時間がかかりました（当時私の持つカメラはすべてが手動でした）。

その時気づいたのでした。巣穴から引きずり出した際、濡れていたイトメは、私がモタモタしている間に乾き、色が変わってきました。

そして下半身が細くなり、その分、上半身が太くなっていました。

何事かと見つめていると、下半身がグルリとよじれる様に回転し、切れてしまいました。

上半身と下半身とが二分したのでした。上半身は水分を含み、下半身は干からびています。

面白くなりました。二度、三度と穴を掘り返し、採取したイトメを洗い、乾いた石の上に載せ観察しました。

日光に晒され、身体が乾くにつれ、下半身の水分が上へと移動しているように見えました。

下半身は細く、上半身は太く、そして下半身はクルリとよじれ二分します。

上半身を湿った砂の上に置くと、ゆっくりと時間をかけ潜っていき、下半身は動くことはありませんでした。

乾燥から身を守る自切だと思いました。

トカゲが猫に襲われた時、自ら尻尾を切り離し本体は逃げのびた現場を見たことがあります。切れた尻尾は、猫の気を引くかのように、ピョコピョコと動き回っていました。

同じようにイトメも乾燥から命を守ったのだと思います。

私は飼い猫の食性についてては知識がありません。食おうとしたのか、遊びだったのかについては、現在も興味はありません。

イトメの自切行為を見たからと言って、生殖群泳の際、生殖器を自切した証拠にはなりません。

生殖群泳中のイトメに、頭部等全身の器官が揃っているのでしょうか。それとも生殖器のみが泳ぎまわっているのでしょうか。

すでに解答の出ている現象だとは思いますが、とても興味深いひと時でした。

しかし、この日、本来の調査目的ではなかったためか、迂闊にも詳細な記録をとることを忘れ、残念でした。

大活躍の魚類班

長良川の生物調査です。最初から魚類調査が中心になると考えていました。足立孝さんを中心に魚類班のメンバーは大活躍をしました。と言っても素人集団であり、調査費のすべてがメンバーのポケットマネーです。

「子どものおもちゃ」と言ったら言い過ぎでしょうか、タモ網を片手に、川へ入り魚をすくい取るのでした。

背の立たない深みでの採集は不可能です。

五・二キロ地点右岸、五・八キロ地点右岸、六・二キロ地点右岸のアシ原の発達した干潟、そして一五キロ地点を中心に広がるワンド左岸を中心に合計二五回の調査で三五種類を採集しました。そのうち、カダヤシ、コトヒキ、セスジボラ、トビハゼ、ジュズカケハゼ、アシシロハゼ、アベハゼ、シモフリマハゼの八種類は長良川では初確認の魚種です。

長良川の魚類としてすでに確認されているものに、この八種を加えると長良川で確認された魚種は一二六種になります。

費用をかけ、もう少し大がかりに精密な調査を行えば、まだまだ増える可能性が考えられます。

これまでの公式調査のずさんさを物語っているのではないでしょうか。

そしてとくに興味深いのは一五キロ地点ではウナギ、小卵形カジカ等、海と川を回遊する魚類から、ギンブナ、メダカ等の淡水魚、そしてスズキ、クロダイ等の海産魚を採集したことでした。

さらに五月の調査では、アシ原で抱卵したシモフリシマハゼ、ヌマチチブを採集し、日中、水草の下にシラスウナギが潜んでいる姿を確認しました。

アシ原ではシラウオの産卵も確認しましたので、建設省に質問しましたが、思いがけない回答は前述の通りでした。

これらの事実から、汽水域とそこに生い茂るアシ原の重要性、堰によるこれらの消失が、長良川の生態系に重大な影響を与えることを確認しました。

汽水域で採集したハゼの仲間は稚魚が多く、同定が困難であったため、ハゼに詳しい魚類の専門家に確認していただきました。この専門家については、後にも話題にしますので心の隅に留めておいてください。

哺乳動物班　決着確認できず・関ヶ原の合戦——コウベモグラ対アズマモグラ

調査団結成時に私は事務局長と、哺乳動物の調査を担当することになりました。会議で勧められるまま引き受けたのではありますが、川の調査に哺乳動物とは、ほとんど付け足しだと、たかをくくっていました。

調査団発足当時、河川敷について、全く私の念頭にありませんでした。蛇足になるとは思いますが、河川敷について私の知った知識を披露します。

河川敷とは増水時に達する最大限の川幅の範囲で、左右の堤防から堤防までを言い、河川法によってこの範囲が河川と認められています。

普段水の流れていない河川敷には草原あり雑木林あり竹林あり、違法ではありますが畑もあります。

したがって、人の手が入らない自然地は植生も豊かであり、多くの昆虫の仲間や哺乳動物も棲息していました。

私たち哺乳動物調査班は、目視による現認とトラップによる捕獲で棲息する動物を確認しました。ほかに近隣住民からの聞き取りも参考にしました。

特に一八キロ地点の松林の中で縦横にモグラのトンネルが走り（その部分は土が盛り上がっています）、モグラ塚（トンネルから掘り出した土の山）が随所に見られます。

私は知らなかったのですが、日本のモグラには、関東地方を中心に棲息するアズマモグラと関西地方のコウベモグラの二種があり、ちょうどこの辺りが両種の接点だろうということでした。

まさに東軍と西軍がしのぎを削るモグラの関ヶ原だったのです。

東軍と西軍、どちらの領土なのか、どちらが優勢なのか、とても興味を持ち、モグラ捕獲用のトラップを、一〇数個購入しました（もちろん自費です）。

何しろモグラの棲みかは土の中です。トンネルを見つけてトラップを仕掛け、日を改めて回収に行くのですが、その場所を見失い回収できなかったり、回収できてもかかっていなかったり、私がバカなのかモグラが賢いのか、結局一個体も捕獲できず、確認できませんでした。

無数のトンネル、モグラ塚の状況証拠でモグラが棲息していることは確かですが、その種を確認することはできませんでした（とても残念ですが河口堰運用後、この地は水底に没し、もはや確かめるすべを失ってしまいました）。

ネズミの仲間は油揚げを餌にしたトラップで捕獲し、アカネズミ、ハツカネズミ、カヤネズミの三種を確認しました。

他にノウサギ、ホンドタヌキを確認しましたが、イタチとコウモリは目視のみで捕獲はできず種の同定には至りませんでした。

人の手を介して野生化したヌートリア、イヌ、ネコも現認しました。

残念ながら他班に比し、成果が少なかったのは、私の所属する哺乳動物班でした。

新種・ヤドリウメマツアリ発見——昆虫班

調査団団長の山内克典岐阜大学教授は昆虫学者です。山内先生を中心に昆虫班が編成されました。

河川敷に生い茂る雑木林や草原が主な調査地でした。比較のため人の手による芝生でも調査しました。

芝地以外は、とても豊かな昆虫相を保っていることがわかりました。

調査法は捕虫網を使ったスィーピング、餌でおびき寄せ捕獲するベイトトラップ法、夜間光に集まる昆虫を採集するライトトラップ法で、甲虫類：一〇九種、トンボ類：九種、ガ類：九三種、チョウ類：一〇種、そしてアリ類：二四種を確認しました。

種名の同定に、大変な労力を要したことは言うまでもありません。

そして、なんとこの中の一種がこれまで知られていなかった新種だったのです。ヤドリウメマツアリと命名されました。発見者は山内克典先生と木野村恭一さん（高校教師）です。お二人の名前で vollenhovia nipponica kinomura & yamauchi と学名登録されています。

とても愉快なアリです。怠け者の夫婦が交尾をし、メスが他種（ウメマツアリ）の巣へ潜り込み、産卵し、子育てをゆだね、さっさと退散するのだそうです。

この怠け者のヤドリウメマツアリも、子育てを引き受けさせられるウメマツアリも、ともに河川敷以外では確認されていません。

河口堰により河川敷が消失すると、豊かな昆虫相も、新発見のヤドリウメマツアリもほとんど姿を消すことになり、損失ははかり知れません。

絶滅危急種・チュウヒ等一二〇種確認――野鳥班の活躍

長良川の下流域へ通い始めた当初、川面を埋め尽くすように羽を休めるカモの仲間、干潟で餌をついばむシギ、チドリの仲間を目にし、「これら鳥の仲間にも影響が出るのだろうな」と、軽く考えていましたが、大塚之稔さん（中学校教師）を中心にした野鳥班の調査結果を知り、そんな軽々しい問題ではないことを痛感させられました。

河口部の浅瀬にはアシ原が発達し、河川敷には草地、雑木林などの自然植生が残されています。これら植物に依存する鳥類の多さに驚くとともに、堰によって水位が上昇すれば自然植生が水没し、鳥類も姿を消し去ることになります。

生態系にとっては大打撃と言わざるを得ません。

環境庁によるレッドデータブックに絶滅危急種としてリストアップされているチュウヒも棲息していました。

他に猛禽類のコミミズクをはじめ、一二〇種（三四科）の野鳥を確認しました。

鳥の種類を確認しただけではありません。

アシ原ではオオヨシキリ、ヨシゴイ等一七種類、草地ではセッカ、ヒバリ等一〇種類、そして雑木林ではキジ、キジバト、モズ等一三種類の繁殖を確認しました。

そして人為的な芝地では五種類の繁殖も確認しましたが、自然植生と芝生との違いを見せ付けられました。

渡りの時期にはアシ原：一四種、雑木林：一五種、草地：一六種を確認しましたが、やはり芝地ではわずか五種しか確認できませんでした。

冬季には越冬のため、川面に数千羽のカモの仲間が羽を休め、草地、雑木林ではウグイス、シジュウカラ、メジロが、アシ原では多くの種類が隠れ場や餌場として利用していました。チュウヒが生息するためにはかなり広いアシ原が必要だと大塚さんは言います。

アシ原の消滅はオオヨシキリ、ヨシゴイが繁殖地を失います。

隣接する揖斐川にはアシ原が残されていますが、鳥類のテリトリー（縄張り）の仕組みから移住は考えられません。

草地、雑木林も同様、繁殖地の消滅であり、個体数の減少は否定できません。

これら野鳥の調査は、大塚之稔さんを中心に日本野鳥の会岐阜県支部、愛知県支部、三重県支部の皆さんの協力を得ました。

植物でも絶滅危急種・ミズアオイ、タコノアシを確認――植物班

植物調査班は河口より五・四キロ地点から上流へ二五・六キロ地点までに二一か所の調査地点を設定し、高水敷と水中に生える種子植物の種と、その種が占める占有面積の割合を調べました。

その結果、ここでは詳しくは述べませんが、双子葉植物は三四科・九八種、単子葉植物は一

○科、六八種を確認しました。
また、レッドデータブックに絶滅危急種として記載されている、ミズアオイ科のミズアオイとユキノシタ科のタコノアシを確認しました。

ともに、河口堰により水没、または堰建設に伴う護岸工事の影響により消滅が懸念されます。

いずれにしても、植生が豊かであり、川辺の動物たちに餌場や住処、営巣地を提供し、豊かな生態系の底辺となっていることが明らかにされました。

この地道な調査は成瀬亮二さん（高校教師）と、後藤稔治さん（高校教師）が担当されました。

不誠実な建設省からの回答　その2
――「河口堰を建設しても三分の一強も残る汽水域」

汽水域は、淡水魚と海水魚が共存し、川と海とを回遊する魚類の緩衝水域です。

ベンケイガニ、イトメは三二キロまで棲息しており、長良川の生態系にとって、とても重要な役割を果たしているだろうことを確かめた私たちは、建設省に対し、質問状を提出しました。

先ほどのQアンドAです。

Q：長良川河口堰が建設されると、五・四キロメートルの地点で淡水と海水とが分断され、汽水域がほとんどなくなりますが、これにより、長良川で確認された魚類にどのような影響があると考えられますか。

A：長良川の汽水域は現在約一五キロメートルまでです。河口堰完成後は上流域は淡水化し堰下流域のみが汽水域となるため汽水域は五・四キロメートルまでと狭くなりますが、汽水域がなくなるわけではありません。また、木曽川や揖斐川では現在と同様の汽水域が維持されます（以下別項目で紹介します）。

とても不誠実な回答です。「現在の汽水域は約一五キロまで」とは全く事実ではありません。私たちは三二キロ地点まで汽水性生物の棲息を確認しているのですから。

さらに汽水域の広がりの問題だけではなく、河口部から汽水域上限までの塩分濃度の勾配が全く無視されています。海水域と淡水域とを回遊する生物にとって緩衝水域であることが全く考慮されていません。

河口から上流に向かって、塩分濃度が低くなることは誰もが認める常識です。この常識すら無視した国民を愚弄する回答です（先にも触れましたがこのQアンドAはマスコミ・国民向けの文書です)。

建設省が三分の一残ると主張する汽水域、堰下流五・四キロはむしろ汽水域ではなく、海域であり、塩分濃度の勾配など考慮する必要もないのかもしれません。

長良川には、アユやサツキマスそしてウナギなど人間生活に直接関与する魚類以外にも小卵形カジカ等の魚類が、川と海との間を行き来しているのです。

これらの生物にとって淡水域から海水域へ、逆に海水域から淡水域へと、生理的に浸透圧の調整を行う(徐々に身体を慣らす)ためには汽水域の塩分濃度の勾配は不可欠なはずです。

河口堰の存在は海域と淡水域の分断にほかなりません。

汽水域の消失です。ベンケイガニ、イトメ等汽水性生物の生活の場が消失するのです。

生物学的汽水域・三二キロ地点まで

ともかく、汽水性の生物であるベンケイガニとイトメは間違いなく三二キロ地点まで棲息しています。

私たちは、この三二キロ地点までを生物学的汽水域と名づけました。

イトメと、ゴカイの棲息上限の違いは、塩分濃度の違いだろうと考えました。

イトメ、ゴカイの棲息密度のほか、下流から上流へかけての塩分濃度の調査、各地点での潮汐の影響による川面の水位の変化、川面の水位に潮汐の影響が表れる上限の調査等、調査項目が次から次へと膨らんできました。

当初は長良川下流域にどのような生物が棲息しているかを正確に調べようと「調査団」を発足させましたが、汽水域がこれまで言われていたより二倍以上も上流へ広がっている事実、そして汽水性（塩水性）の生物が三二キロ地点まで棲息している事実は、旧建設省の説明する河口堰建設の目的すら否定しかねない重大事だと気がつきました。

「洪水対策として川底を浚渫すれば、塩水が遡上し、塩害が生じる。塩害防止のため潮止めの堰を建設しなければならない」というのが旧建設省の主張でした。

三二キロ地点まで、塩水性の生物が棲息しており、塩水が伊勢湾より押し寄せていることは間違いありません。しかし、これまで「塩害」が話題になったことを私は知りません。

ここで、生物相の調査とは離れますが、行政による河口堰建設計画の推移を簡単に振り返ります。

次々変わる河口堰建設目的——最初の目的は利水

そもそも、長良川河口堰は昭和三〇年代初め、四日市市を中心に大規模な伊勢湾工業地帯を建設し、工業用水供給が目的で計画されました。

四日市市に近い長良川の河口に堰を建設し、伊勢湾の海水と長良川の淡水を分断し、大量の真水を最短距離で供給しようと考えられたのがそもそもの始まりでした。水の利用、利水が目的です。

長良川の下流部は木曽川、揖斐川と接近し、これまでに何度も大水害を起こしています。この水害対策として、一七五〇年代に薩摩藩が幕府の命令で、莫大な借財を背負いながら、長良川と木曽川とを分流する背割り堤を完成させた「宝暦の治水」はあまりにも有名です。

この長良川の最下流部に流れを堰き止める構造物を建設しようというのですから、薩摩藩の労苦を無にする暴挙と言わざるを得ません。

この無謀な計画に賛成する地元行政、地元民はほとんどいませんでした。

さらに工場地帯では、特に水を大量に必要とするアルミ工場を中心に、水のリサイクル・節水の技術を開発させ、水の需要が当初の見込みを大幅に下回りました。

関係自治体や住民の大規模な反対にあい、この計画は頓挫しました。

利水から治水、そして塩害防止へと変わる建設目的

時を同じくして、一九五九（昭和三四）年秋、襲い来た伊勢湾台風で木曽川、長良川、揖斐川の木曽三川は、未曽有の増水をし、長良川下流部では堤防を乗り越え、揖斐川では岐阜県側の堤防が決壊しました。

増水した水の堤防からの溢流、堤防の決壊により、木曽三川の下流部に大規模な水害をもたらしました。

当時私は岐阜大学の学生で、ヘドロに埋め尽くされた通学路を確保するために、学生自治会が手配したバスに乗せられ、ボランティア活動に駆りだされたものでした。

この洪水が河口堰建設の目的に利用されたのでした。

一九六六（昭和四一）年になって、またぞろ堰の建設計画が出てきました。目的は、利水ではなく洪水対策、治水だと言うのです。

さらに、一九七六（昭和五一）年九月一二日、一七号台風の豪雨によって、岐阜県安八町で、長良川の左岸堤防が決壊しました。

この災害も河口堰建設に拍車をかけました。

川の流れをよくするため、河口部の川底を掘り下げ、浚渫するのが第一の目的です。

「川底を浚渫すると海の満潮時に塩水が遡上する」

「川に海水が入り込むと、地下水に塩水が混ざり、田畑に塩害が起こる」

「この塩害を防止するために、潮止めの堰を造る」

と言うのです。

洪水対策のための浚渫が目的で、河口堰は浚渫の付属物にすぎないのです。


考えてみてください。川底を掘り下げ、その部分に海の水が入り込むと言うのですから、上流からの水が流れる容積が増えたことになるのでしょうか？

川底が、土砂から海水に変わっただけではないでしょうか。

さらに、川底から掘り出した泥を、川から外へ持ち出すのではありません。

堤防の補強のため、堤防の前面・ブランケットに使うというのですから、川の容積・河積が増えたことにはならないはずです。

流れをよくするのにどう有効なのか私には理解できません。

塩害を食い止めるために河口堰が必要だというのですが、一五キロ地点までの二倍以上もの三二キロ地点までが生物学的汽水域であり、塩水が遡上しているにもかかわらず、「塩害」なる言葉は、この辺りで聞いたこともありませんでした。

何のために河口堰を建設しなければならないのか、理解できません。

堰によって川と海とを回遊する生物にとって障壁になるばかりか、堰の上下で海水域と淡水域が分断され汽水域が消滅します。

繰り返し強調しますが、汽水域は、川と海とを行き来する生物にとって、海水から淡水へ、逆に淡水から海水へと生理的に浸透圧を調整する大切な水域です。

堰で水がせき止められると、堰上流にダム湖ができ、水の流れが遅くなるはずです。

長良川を代表する清流魚であるアユは岐阜市近辺で産卵します。孵化した仔魚は流れに乗って伊勢湾に下り、海域に入って採餌を始めると言われており、流下時間が長引けば重大な影響が考えられます。

洪水防止の堰だと言うのですが、下流部に流れをせき止める構造物を造るというのですから、洪水の危険性を増す建造物と言わざるを得ません。

当初、川に棲息する生物の種類を調べ記載するのが目的であったはずの私たちも、事実を知れば知るほど放置できなくなりました。調査項目を増やさざるを得なくなりました。

長良川下流域生物相調査団の実態

ここで少々話が横へ逸れます。

本書ではできるだけ、時系列に沿って記録にとどめたいと思いますが、関係ある事柄についてはまとめておきたいと思い、時間的に前後することもお断りしておきます。

調査団結成時に、七つの調査項目を設定し、最初の合同調査は五二名の参加があったと書きましたが、調査団員の人数が五二名というわけではありませんでした。

自然環境保全連合（自保連）が呼びかけて集まった一〇数人の会合で、七つの調査項目を設定し、それぞれの代表者と、団長・山内克典先生、事務局長の私を決め、後は調査班独自に活動し、その都度、事務局の私に連絡が入る仕組みを話し合ったのみでした。

一九九〇年一二月一六日、愛知、岐阜、三重県野鳥の会の合同調査に私たちも合流し、山内先生と私から、河口堰完成前の、調査の必要性と概要を話し、協力を呼びかけました。

参加者の中から異を唱える人はいませんでしたので、その場で調査団結成を宣言したのが実態でした。参加人数を数えたら五二名でした。

団長も私も、顔見知りでもなく、名前も知らない人が大半というのが実態でした。

その後、各班が調査を行う場合には、責任者が知り合いに、そのまた知り合いにと順次声をかけ多くの人が集まり、ほとんど順調に仕事ははかどりました。

各班の調査がある程度進んだ頃を見はからって、山内団長名で事務局から、各班の責任者に集まるよう葉書を出し、報告や今後の課題などを話し合いました。その会合にも毎回のように初対面の人が含まれていました。

各班の責任者として大学、高校や中学校の先生が多かったため、調査には入れ替わり立ち替わり、学生、生徒、保護者の方にも参加していただきました。

調査費もすべて自前です。

事務局の怠慢とのそしりも免れませんが、名簿もありませんでした。

『長良川下流域生物相調査団』というものの、組織の体をなしてはいません。『烏合の衆』です。その烏合の衆が組織以上の立派な仕事をまとめあげたと自負しています。

それだけ多くの人が関心を持ち、河口堰建設に疑念を抱いていた証拠だと考えています。

『長良川下流域生物調査　中間報告書』発表――一九九一年一二月

一年間の調査結果を一二月に『中間報告書』として公表しました。

中間報告書との意味は、七項目の調査課題を設定したのですが、調査を進めるうち、長良川の塩分濃度、伊勢湾の満干の影響を受ける感潮域、川底の性質等々、調査を要する項目が増え、一応の調査が終わるまで、まだ一～二年要すると判断し、着々と河口堰の建設が進む中、一日も早くこれまでの調査結果を公表しようと考えたのでした。

内容のほとんどは前述しましたが、これまで書かなかった一部を書き加えておきます。

なお、この報告書は各班の責任者が下書きを行った後、それぞれの班の責任者（中心的に調査に加わった者も含め）、団長、事務局長が集まり、執筆者が音読し、参加者全員で検討、修正して書き上げたものでした。

団長・山内克典先生の前書きの一部

「汽水域には、カニ、シジミ、ゴカイが無数に生息しています。今回の調査で長良川のカニ、ゴカイ類の密度調査が初めて試みられました。大雑把に見積もっても、それぞれ数千万から数億個体が長良川沿岸に生息していると思われます。河口堰ができれば、これら動物は堰上流で絶滅することは必至です。問題はたんにそれらの絶滅にとどまらず、生態系に重大な影響を及ぼすことが懸念されます。つまり、カニ、シジミ、ゴカイ等の底生動物は有機物の分解に大きな役割を果たしており、それらの幼体（動物性プランクトン）は稚魚等の食物として重要な地位にあります。さらに、動物性プランクトンは植物性プランクトンを食べて、赤潮の発生をおさえていることも考えられます。生態系に目を向けることが必要だと実感しています。

来年度は、それぞれのグループの調査を続けるとともに底生動物密度調査など、団員全員が参加できる調査企画も工夫して、長良川の自然にせまりましょう」

野鳥班・大塚之稔さんの報告文の一部

「ヨシ原の消滅による影響について

ヨシ原で繁殖する鳥としては、オオヨシキリ、ヨシゴイが考えられるが、これらの鳥は繁殖場所をほぼ完全にヨシに依存している。堰が建設されると、その上流では水位が上昇しヨシ原は消滅する。そうするとこの地で繁殖していた鳥たちは繁殖場所を失うことは明らかである。隣接する揖斐川にもヨシ原はあるが、鳥たちのテリトリー機構からして、たとえ近くにヨシ原があったとしても生息地を追われたオオヨシキリが入り込むことができず、結局のところヨシ原の消滅はそのまま個体数の減少につながると考えられる。また、オオジュリンやツリスガラ、チュヒといったヨシ原を越冬場所としている鳥の生活場所を奪ってしまうことも明らかである。この湿地帯は潮の干満による水面や干潟を利用する鳥のよい隠れ場所や餌場ともなっているが、これらの鳥にも影響があることが考えられる」

魚類班・足立孝さんの報告文の結論部

「魚類班の調査は費用はすべて個人負担であり、捕獲道具は子供が使うたも網を使用した。しかし、莫大な金を注ぎ込んだ建設省の調査で確認できなかった魚種を一三種確認している。また、今までの長良川の調査で記載のない魚種を一〇種確認した。このことは建設省の調査を含め長良川の生物相調査がいかに不完全なものかを示している。建設省の調査に漏れ、絶滅寸前のトビハゼのような魚種がまだいる可能性がある。一～二年工事を中止し、緊急に環境アセスメントを行う必要があろう」

これらが中間報告書に書かれた元文の一部分です。

「長良川河口堰建設差し止め訴訟」への証人出廷――調査団団長・山内克典先生

私たち調査団による科学的調査とは別に、河口堰に反対する市民グループがいくつか組織され、反対運動が繰り広げられていました。

そんなグループの一つが、岐阜地方裁判所に対し「長良川河口堰建設差し止め」を請求する裁判が進行していました。

そんな時、原告から調査団の山内団長が証人として申請され、証言台に立つことになりました。

原告（反対派住民）側代理弁護士からの質問が一九九三年六月一六日、被告（建設省）側代理弁護士からの質問が同年九月一日、と二日間、山内先生に御足労を掛けました。

河口堰建設はさまざまな理由を付けようと、多額な国家予算を使うための土建行政の一つであったと考えます。

私たち調査団の科学的調査結果は、ほとんど反対派の主張を後押しする形になることは当然の成り行きでした。

二回の証人尋問でも、それぞれの弁護士の態度に違いがありありと見られました。

現在私の手元に、この両日の速記録があります。

原告側弁護士の質問は、私たちの調査結果を確認するものがほとんどで、目新しいことはありませんが、念のため一部分を再掲します。

六月一六日の裁判記録から

原告側弁護士（証拠物件として『中間報告書』を片手に）「そして『つまり、カニ、シジミ、ゴカイなどの底生動物は有機物の分解に大きな役割を果たしており』というふうに書いてあるのですが、もう少し説明していただくと、どういうふうな働きということなんですか」

山内証人「底生動物ですから底のほうに住んでいるのですが、水から落ちてくる有機物——プランクトンの死骸とか、生きているものも入りますけれど、そういうものを食べて、次のバクテリアが無機物に還元する上で非常に重要な手助けをしているということなんです」

原告側弁護士「それはその後の連鎖から言うと、稚魚、さらにもう一つ大きいのにだんだん食べられていくということが書いてあるんですね」
山内証人「動物は成長段階によって生態系で果たしている役割というものは刻々変化するというか、ステージによって変わります。ここで言っている有機物の分解は主に生態が担っている、それから食物連鎖で稚魚の餌になるというのはプランクトン時代の幼生の時だということだと思います」
原告側弁護士「ここに書いてある『それらの幼体』というのは、カニ、シジミ、ゴカイ、などの幼体で、これらは魚の餌になるという意味ですね」
山内証人「はい」
原告側弁護士「別にカニ、シジミ、ゴカイ自体は、有機物を摂取して有機物を水中から減らす働きがある」
山内証人「そういうことですね」
原告側弁護士「水中の有機物を」
山内証人「主に底泥——底の泥だと思いますが」

このように、『中間報告書』や、私たちが建設省に提出した質問書の内容の確認が続いたのみで、調査団長としては当然であったと思いますが、河口堰の是非についての意見は求められませんでした。

九月一日の裁判記録から

前にも書きましたが、私たち調査団には名簿もなければ、研究職と呼ばれるのは山内教授のただ一人で、素人の集団でした。しかし、科学的にはっきりさせねばならないことは、すべて専門の研究施設に資料を送り判断をあおいでおり、結果については自信を持っていました（『中間報告書』発行後、私たちの活動に共感した岐阜大学医学部の粕谷志郎先生等、研究職の方々も参加されました）。

被告側の弁護士は、私たち調査団は素人集団で、調査結果は稚拙で信用に値しないことを裁判官に印象付けたかったようです。

――――

被告（建設省）側弁護士（『中間報告書』を片手に）『これは「長良川下流域生物相調査」ということですけれども、調査団は全員で何名くらいおられますか」

山内証人「大体五〇名くらいです」

被告側弁護人「これを見ますといろんな項目が書いてありますが、項目の最初のところに担当者の名前があるものと名前がないものがございますけれども、名前のないのはどういうことなんですか。例えば、二一ページの鳥類、それから三〇ページの昆虫相とか三五ページの底生動物は担当者の名前がないみたいですけれども、鳥類はどなたがおやりになったのですか」
山内証人「大塚先生がやられました。責任をもってまとめられたということです」
被告側弁護人「大塚何とおっしゃる方ですか」
山内証人「トシユキだったかですか……ユキトシだったですか」
被告側弁護人「どういう字を書きますか」
山内証人「ちょっと思い出せません」
被告側弁護人「ユキトシですか」
山内証人「そうだと思いますけれど」

大塚之稔《ゆきとし》さんであることを弁護人は初めから知って質問していたことが明々白々です。
項目により執筆者名の有無は、特に意味はありません。この『中間報告書』はあくまでも中間であって正式な報告書ではありません。

報告書の粗雑さ、信用に値しないとの認識を裁判官に与えるのが目的の質問だったと思います。

実りのない質問はまだまだ続きます。

被告側弁護人「どこの何をしておられる方ですか」
山内証人「学校の先生です」
被告側弁護人「高校ですか」
山内証人「中学だったと思いますが」
被告側弁護人「それから三〇ページの昆虫相は？」
山内証人「昆虫相は私がまとめました」
被告側弁護人「それから底生動物は」
山内証人「底生動物は、千藤先生がまとめたと思います」
被告側弁護人「それぞれの担当項目については、それぞれの専門家が付いておられるのですか」

山内証人「専門家というのはどういう意味でしょうか」
被告側弁護人「それを専門的に研究している方です」
山内証人「そうです。それぞれ、皆さん、研究職ということではありませんが、長年その動物について研究されてこられた方です」
被告側弁護人「ただ、前回（六月一六日原告側弁護士による質問の際）、プロではありませんのでということをおっしゃっておられるんですけれども、プロでない専門家ということですか」
山内証人「プロ、アマチュアの区別は、それで食べているかどうかというふうに私は考えておりまして、例えば研究職でしたら研究で食べているということで、大学の先生とか研究所の先生なんかはそういう意味でプロになるかと思います」
被告側弁護人「プロは少ないということですか」
山内証人「この中で、ですか」
被告側弁護人「はい」
山内証人「そうですね。団員としては二名です」
被告側弁護人「どなたとどなたですか」

山内証人「私と、粕谷志郎さんです」
被告側弁護人「粕谷さんは、何を担当された方ですか」
山内証人「環境医学です」
被告側弁護人「『中間報告書』でいくと、どんなところですか」
山内証人「ここでは、まだその辺りはきちっと書いてなかったかもしれないですが」
被告側弁護人「『中間報告書』ではタッチされてなかったですか」
山内証人「そうです。この時点ではまだ（調査団には）入っていません」
被告側弁護人「『中間報告書』では、いわゆるプロとおっしゃるのは証人だけだというふうにお聞きしてよろしいですか」
山内証人「そうです」
被告側弁護人「一七ページを見ていただきますと、田口さんとか、大野さんとか伊東さんとか片山さんとか溝口さんとかいろいろありますが、この方々はどんな職業の方でしょうか」
山内証人「田口さんは高校の先生を辞められた方です。大野さんは獣医さんです。伊東さんは高校の先生です。そのほかの方は、私は直接わかりません」

被告側弁護人「団員が五〇名おられるとおっしゃったんですけれども、団長の証人が職業のわからない団員もおられるわけですか」
山内証人「そういう方もおられます」
被告側弁護人「いつも密接に討論とかそういうことをされるわけじゃないんですね」
山内証人「そのグループの内部で討論されていると思いますが、全体として全員が集まるということがかなり難しいものですから」

前述しましたが、団長、事務局長、各責任者どうしでは密に連絡を取っていましたが、各調査班は独自に活動し、その参加者は団長も、事務局でも人数の報告を受けるだけで、名前まで把握していませんでした。

さらに、調査に加わった全員での全体会議は一度も開いたことはありませんでした。ただし、それぞれの調査のほとんどに、取材を兼ねてマスコミ関係者も作業に加わり、その都度、成果が正確に報じられたものでした。

調査団そのもの、そして調査結果が、いかに稚拙で信頼に足りないものであるかを印象付ける意図が垣間見えますが、次の質疑から笑いがこみ上げてきます。

被告側弁護人「四七ページの足立孝さんという方は、どんな職業の方ですか」
山内証人「足立さんは建築家です」
被告側弁護人「建築家というと、私どもが考えますと、こういう研究とは無関係のように思うんですけれど」
山内証人「彼は、後藤宮子さんと一緒に魚の調査をずっとやってきております」
被告側弁護人「四七ページを見ますと、『木曽川水系生物相調査報告』とか、建設省や公団が出しました『長良川河口堰について』には、調査場所とか調査法とか同定の問題なんかが問題であるような専門的な内容が書いてありますけれども、こういう問題をお書きになられる方なんですか。四七ページの上のほうから五行目ですが、何か、漏れている魚がいるという話ですが」
山内証人「そうですね。多分ＫＳＴの調査では、細かい小さい魚を採るような調査方法ではなかったですから。それはそういうところから判断し書いたんだと思います」
被告側弁護人「ですから、建築家とおっしゃったもんですから、そういうような同定の問題というのは非常に専門的なことだと私どもは聞いておりますので、そういうことができるような方なんですかと質問しているわけです」

山内証人「彼らは、同定については、小さいやつについては特に難しいですから、生物学御研究所という専門的な機関に送って、同定を依頼してやっております」
被告側弁護人「どこに送ったんですか」
山内証人「生物学御研究所」
被告側弁護人「それは何ですか」
山内証人「それは宮内庁の……」
被告側弁護人「宮内庁にある生物学御研究所へ送って、同定を調べてもらっているわけですか」
山内証人「はい」
被告側弁護人「そうするとご自身ではお調べになっていないんですね」
山内証人「自分でわかるものと、難しくてわからないものと、いろいろありますので、難しいものについては同定を依頼すると」
被告側弁護人「例えば難しいものというのは、この中ではどんなものがあったんですか」
山内証人「ハゼ類は難しいです。それから稚魚についても難しいです。そういうものは送ってあります」

被告側弁護人「生物学御研究所というのは権威のある研究所なんですか」

山内証人「ハゼ類については、日本では一番権威があります」

——

裁判所でのやりとりはこのくらいにしておきます。

足立孝さんと共に魚の調査をされた、後藤宮子さんは元・高校の生物教師で、退職後京都大学で研究生として魚類について研究を重ねられ、世界でも珍しい女性の魚類学者として知られた方です。同定の難しい稚魚の魚種については、後藤さんが仲間の魚類学者と相談し生物学御研究所へ依頼されたものでした。この依頼については魚類班独自になされたもので、事務局長の私も、後に知り、驚いたものでした。


生物学御研究所とは昭和天皇により設立され、現天皇によって二〇〇八年に「御」の字が外され生物学研究所として主にハゼの研究が行われているそうです。

天皇制の是非については異論もありますが、ハゼに関しては権威のある研究機関として知られています。その研究所を建設省（国）側の弁護士が公式の場で「権威があるのか」と質問したのです。

裁判記録の紹介はここまでとします。

調査項目の追加

●どこまで塩水が遡上しているのか。
満潮時、干潮時におけるそれぞれの地点での塩分濃度の調査。

●どの地点までが、潮汐の影響で水面の変化が表れる感潮域なのか。
各地点にスケール（目盛りを付けた棒）を立て、大潮の日の干満による水面の高低差のチェック。

●堰完成後どの地点まで水がたまるのか水準測量による堪水域の上限の調査
これら三項目を、調査班の垣根を超えて、実施することになりました。

潮時表《しおどきひょう》の携帯

プロローグでの、丹羽宏さんが川下から上流へ押し返された時、たまたま同行した新聞記者が持ち合わせた、名古屋港における潮時表（潮汐時刻表）が役立ったのですが、干潟でのカニや環形動物の生息密度調査、生殖行動の観察、塩分濃度の調査等には、潮時表は絶対的必需品です。

当初考えもしませんでしたが、ほぼ全員が携帯するようになりました。

塩分濃度の調査

伊勢湾の入り口に位置する三重県桑名の釣り船屋で船頭付きの動力船を借り、塩分濃度を調べました。

潮時表を頼りに、大潮、小潮、若潮の日の、それぞれ満潮による海水の遡上に従い、河口から上流へ向かって、船を移動させ、ポイントごとに、水深を測り、低層、表層の水を、採水瓶で採取し、持ち帰り塩化物イオン濃度を測定しました。

比較のため、海水の影響を全く受けていないと考えられる一三〇キロ地点（旧・郡上郡高鷲村）でも採取し塩化物イオン濃度を測定しました。

この化学的測定は山内団長に担当してもらいました。

調査ごとに、一艘の舟に、船頭のほか、水深を測る者、採水をする者、プランクトンを採集する者が組になって、上流へと進みました。

大潮時と小潮時とでは、塩水はどちらが上流まで遡上すると思いますか？

海面が高くなり、激しく逆流するのですから大潮時だろうと素人の私も考えました。でも結果は全くの逆だったのです。

河口付近で、上流からの川の水と大量の海水がぶつかり合う大潮時にはその衝撃で、物理的に淡水と塩水とが混ざりあい、上流へ遡上するにしたがい薄まってしまうのです。

逆に、小潮時は河口付近での衝撃が小さいので、混ざり合うことが少なく、淡水に比べ比重の高い塩水は川底を、楔形に遡上するのです。これを塩水楔《くさび》と呼びます。

（楔《くさび》――木材や石材を割る道具。一端が厚く先端が薄くなっている）

塩分が高濃度の楔の先端は、大潮時より小潮時のほうが上流まで達していることがわかりました。最も塩水楔が上流に達するのは、小潮と大潮の中間である、若潮時であることもわかりました。

採取した水を、実験室へ持ち帰り、塩化物イオンを調べたのですが、小潮時、若潮時のデータに大きなばらつきがあり、戸惑いました。しかし、これは楔の内外での隔たりであることに気付きました。

大潮時には塩分がほぼ均等に混ざり合っているのですが、小潮時の調査では楔の中では高濃度でありますが、楔を外れると塩分が少なく、ほんの数メートル船が動いただけでも、値が大きく変わり、大潮時以外の調査では楔を視覚でとらえねば正確には結論が出せないことに気付いたのでした（次ページ図参照）。

さらに塩水遡上の上限は、川の流量によっても異なります。

増水時には川の流れが勝り、上流には達しません。逆に渇水期には遡上する力が勝り、上流まで上ります。

これらの条件も考慮しなければなりません。

魚群探知機による塩水楔《くさび》の視覚による確認

船から超音波を川底へ向け発信し、水中の密度の変化を、その反射により、とらえるのが魚群探知機です。

魚の群れではなく、塩水楔を捉えられないものかと考えたのでした。

釣り船屋の主人に相談したところ、超音波の反射記録をグラフ化する魚群探知機を無料で貸してくれました。

この試みは大成功でした。

上層の淡水と下層の海水とが層をなしており、その境界がはっきりと読み取れ、楔が上流へ達する様子と、上流に達した先端部もグラフ映像としてとらえることができました。

はっきりと楔の先端として確かめられたのは一五キロ地点まででした。

映像でとらえた楔の先端が、塩分遡上の最先端というわけでは決してありません。高濃度の塩水と淡水が層状に分かれている先端であって、その先は徐々に混ざり合って遡上しているのですから。

この映像は、塩分濃度を調べるに当たり、

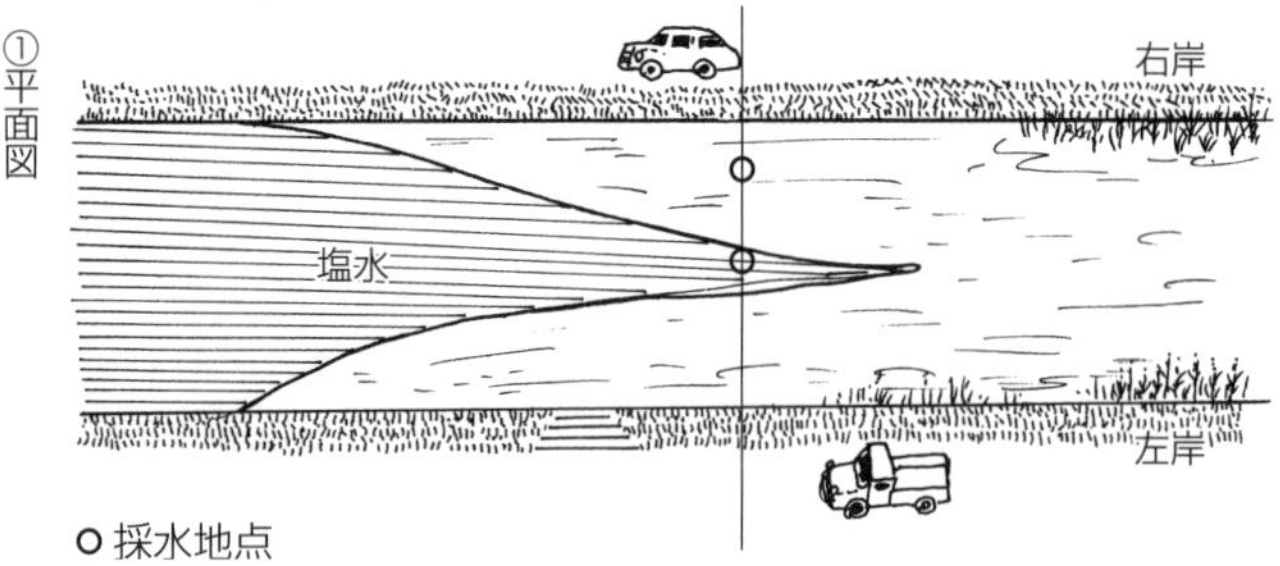

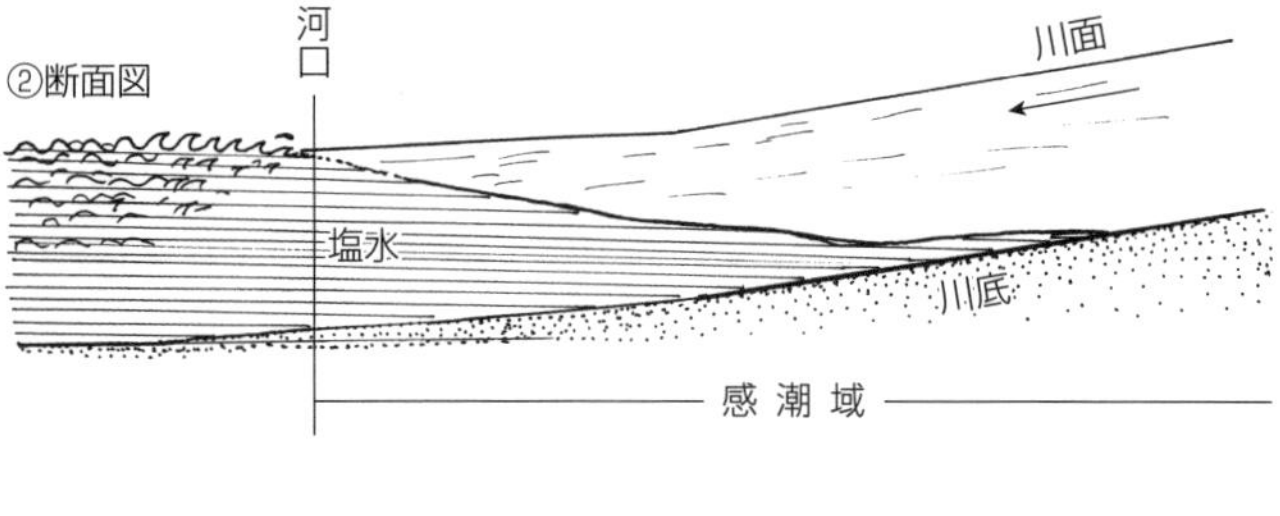

広い川幅のどの部分を採水すればよいのか、そしてこの後のプランクトン調査にも大いに参考になりました。

このような調査を、一九九三年一月から一九九四年四月まで合計二二回行いました。

マウンドを乗り越える塩水楔

一四キロ地点から一六キロ地点にかけて、堆積土砂がマウンドを形成しています。このマウンドで遡上する塩水は遮断され、上流へは達しないと言われていました。

だから建設省は、汽水域は一五キロ地点までと言っていたのだと思います。

高濃度の塩水は比重が高く、川底を遡るのが塩水楔です。

大潮時には海からの海水と川からの淡水とが強力に攪拌されるため、塩水楔は形成されません。

大潮時を除いて、塩水楔が形成され遡上する時、表層水に比

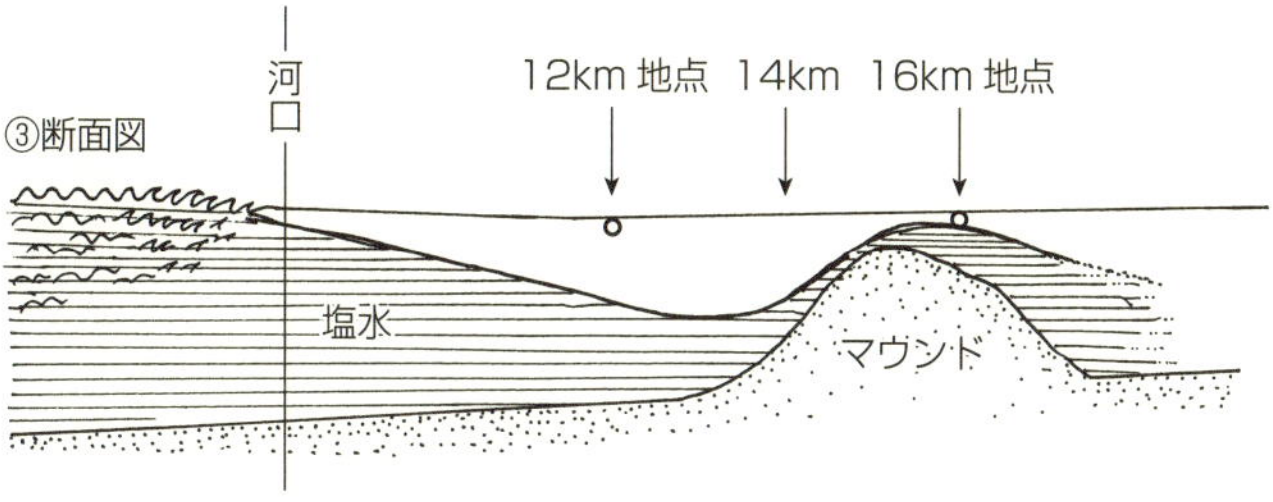

○ 採水地点　上流部（16km 地点）の表層水の塩分濃度が下流部（12km 地点）の塩分濃度より高い。

べ川底のほうが塩分濃度は高くなります。もちろん、表層水にも塩分が溶けてはおりますが、上流へ行くに従い濃度が下がることは当然です。

ところが、下流より上流の表層水の塩分濃度が高くなる現象に出合いました。

一九九三年四月一七日、若潮時の調査でした。

上流側のマウンドを超えた一六キロ地点での出来事でした。一四時三〇分ころから、表層水の塩分濃度が二〇〇〇を超え、一一キロ地点や一二キロ地点のそれより高くなったのです。

ちょうど塩水楔の先端が到達する時刻でした。

川底を遡上していた塩水楔がマウンドを乗り越え、表層に達したとしか説明ができません。

魚群探知機で視覚的にとらえた塩水楔の先端は一五キロ地点までで、それより上流は採水した資料の塩化物イオン濃度で判断しました。

採取・測定したマウンド上流の塩分（塩化物イオン）濃度

次に示す数値は、すべて川の水一リットルに対し塩化物イオンのミリグラムです。

二四・三キロ地点で六〇。

三四・五キロ地点で一六・一。

感潮域より上流の、四五キロ地点で六。五十キロ地点で四・七。

三五キロ地点と四五キロ地点の間には都市河川が流れ込んでいるので、生活排水中の塩分が含まれている可能性もあり、人家の少ない上流域、二一三キロ地点（郡上市）でも採水測定しました。ここでは二・四でした（これが清流での塩化物イオン濃度と考えて差し支えないと思います）。

この結果三四・五キロ地点まで海水の影響が表れていることは明らかで、三五キロ付近まで塩水が遡上するものと考えます。

調査での逸話

この調査で体験した面白い話があります。

前にも書きましたが、私たちの調査に対抗して、建設省も同様の調査を行いました。

建設省の調査は、当然ウイークデイのみです。

私たち調査団のメンバーは全員が勤務や学業の都合で、昼間は休日にしか調査に出かけられません。調査地点で鉢合わせすることはほとんどありませんでした。

時々、建設省の調査船を操縦した船頭が私たちの船を動かしてくれました。

彼は私たちの調査方法の緻密さに感心するとともに、建設省の調査方法のずさんさを「ここではこうした」「あそこではこうした」と事細かく笑いながら教えてくれました。

こんなこともありました、船の操縦免許を持った建設省の調査員が、日曜日のアルバイトに、私たちの船を動かし、裏話を聞かせてくれたのでした。

建設省調査員としての立場と、人間としての本音とのはざまで揺れ動く姿を垣間見せてくれました。


話は変わりますが、河口付近はハゼの棲息場所です。調査の中心人物のひとり、魚類班の足立孝さんは、釣りの名人です。一地点の調査が終わり次の調査地点へ向かう途中、船から釣り竿を出しハゼを狙いました。

調査を終え、船を返しに釣り船屋へ戻り驚きました。この日、釣り船屋から出かけた数艘《そう》の釣りの船のうち、獲物の一番多かったのが私たちの調査船だったのです。

「調査に出かけたのか、釣りを楽しんだのか」と店に居合わせた釣り客から冷やかされたものでした。

この獲物は、天婦羅にし、川面で寒風にさらされ、冷え切った私たちの身体を温めるアルコールの供をしてくれました。

もちろん、予定の調査、採水は滞りなく完了しました。


こんなこともありました。

同行した後藤宮子さんがつぶやいたのです。

「私たちの調査は税金の浪費じゃないかしら……」と。

わけを聞くと、彼女は「私たちが調査結果を発表すると、それに対抗して建設省も多額の経費を注ぎ込んで調査の格好をつけている」。

「結局、私たちは建設省に無駄金を使わせているだけではないかしら……」

瞬間、私も言葉を失ってしまいました。

川面に潮汐の影響が及ぶ感潮域の上限は四〇キロ地点

汽水性生物の調査や、川下りを妨げられた丹羽宏さんの経験から、潮汐の影響を受ける上限付近と目星をつけた、（地形的にスケールが立てやすく、観察もしやすい）三九・四キロ地点と三五キロ地点の水中にスケールを立て、大潮の日の、満潮時と干潮時の数値を読み取りました。

その結果、三九・四キロ地点で四センチと三五キロ地点で四〇センチもの、干満の差を読み取りました。

正確に四〇キロ地点での観測は地形の関係でできませんでしたが、ほぼこの地点まで潮汐の影響が表れていることを知りました。

それより下流の二四・三キロ地点では一五〇センチの水位差を読み取りました。そしてこの地点では川の水一リットル当たり六〇ミリグラムの塩化物イオン濃度が観測され、少なくともこの地点まで潮汐の影響が及んでいることを確認しました。

潮汐の影響で河川の水位に影響の出る区域を感潮域と呼びます。

私たちは長良川の感潮域は四〇キロ地点までと結論付けました。

この干満時刻での数値の読み取りは、大野哲也さん（獣医師）と田口五弘さん（元高校教師）が担当しました。

余談にはなりますが、足立さんと私も、同様の目盛りを付けた棒きれを三九キロ付近の川の中に立てたことがあります。

そこへ建設省の関係者（真偽は確かめませんでしたが）という人物が現れ「流れを阻害する物を立てることは河川法に違反する」と注意され、「調査が終わったら必ず撤去せよ」と言われました。

河川法について勉強してはいませんが、私たちの理解を超える出来事でした。

水準測量による堪水域上限の調査

河口堰は河口から五・四キロ地点に、T・P（東京湾平均海面・海抜と考えて差し支えありません）一・三メートルの高さまで水を堰き止める構造物です。

堰の上流側に広大なダム湖が出来上がり、水流は滞ります。その滞りが四〇キロにも達します。

上流で孵化した流下仔魚が海域に到達するまでの時間が増すはずです。

長良川を代表するアユやサツキマスにも重大な影響が懸念されます。

堰が稼働すればそこにできるダム湖はどこまで広がるのか、その上限を、水準測量で調査しました。

T・P一・三メートル地点を探したのです。

魚類調査の中心人物でもある足立孝さんは一級建築士で測量はお手の物です。

この調査の結果でも、全く別の前項調査でもほぼ同様の結果が出ました。

水準測量の結果、河口堰の影響で水位が上昇する堪水区間は約四〇キロとの推定結果が出ました。

天然アユの仔魚は無事海に到達できるのでしょうか——長い堪水域、そして堰を越えての海域への落下

私たちの調査で、堪水区間は、建設省の計画より一〇キロも長いことが判明しました。

この一〇キロの延長は重大問題です。

長良川を代表するアユは淡水域で産卵・孵化し、仔魚は流れに身を任せ、海域に達し初めて餌を口にします。孵化後海域に達するまで、身体に付けた卵黄嚢から養分を吸収し、餌は一切取らないことが明らかにされています。この間を絶食期間といいます。

この絶食期間は長くて一週間と云われています。

孵化後一週間以内に海域に達しないと餓死します。

雨が少なく、上流からの水量が少ない時、堰でせき止められた水は流れが遅くなり淀みます。とても一週間では海域には到達できません。

幸いにも河口堰まで到達できたとしても、次の関門は、堰を越えての下流（海域）への落下です。

平均一・三メートルの落下です。干潮時には海面は下がり、差は広がります。さらに堰を溢流する水の厚さも考えねばなりません。

絶食を耐え抜いた仔アユは落下衝撃に耐えられるのか心配になりました。

この疑問に対し、建設省は安全を強調するため、避妊具であるゴムの袋を水で大きく膨らませ、仔アユを入れ、衝撃事件を行い成功したと聞いております（この事実を私は直接確かめてはおりません）。

この実験結果に疑問を感じ、危機感を抱いたのは私たちだけではなかったようです。

出来上がった河口堰は、溢流する落差を縮めるため、干満に合わせ上下移動し、落下衝撃を弱めるよう工夫されました。可動式と名付けられています。私たちの指摘が、建設省を動かしたのだと思います。

観光資源であるアユには配慮せざるを得なかったのでしょう。

それでも流下仔魚の餓死を減らすことは不可能だと思います。

海産アユと湖産アユ

話は変わりますが、長良川をはじめ各地の河川に、琵琶湖産の稚アユが放流されています。

長良川で友釣りの対象になるアユは天然アユと放流アユの二種類が混在しています。

前者を海産アユ、後者を湖産アユと呼び、遺伝子が異なり、産卵時期が異なり交雑することはないと云われています。

長良川の天然（海産）アユの仔魚は、塩分濃度の高い水域に達しないと最初の採餌をしないのに対し、湖産アユは完全な淡水魚ですから、淡水域で餌をとりますが、塩分濃度の高い海域へ流れ着くと死滅するとも云われています。

だから、湖産アユは、毎年放流しなければならないのでしょうか。

天然アユが少なくなれば、放流すればよいとの意見も耳にしますが、天然アユと湖産アユは似て非なる存在です。

天然アユがいなくなった後の長良川は、放流アユの釣り堀になるとは言い過ぎでしょうか。

二〇キロ地点で海洋性のプランクトンも採集
日本で二例目、珍しい汽水性ソコミジンコ棲息確認――プランクトン調査班

プランクトンは直接私たちの生活には関わりなく、地味な生物ではありますが、魚類などの餌として生態系にとって重要な役割を果たしています。

河口堰完成前のプランクトンの実態を調べる必要性があると考え、山内先生を中心にプランクトンの定性、定量調査を行いました。

海水の影響が考えられる二・五キロ地点から三九キロ地点の感潮域のプランクトンを採集しました。

そして、比較のため海水の影響のない、四五キロ地点から一一一キロ地点までの、流れの停滞している淵を五地点選び、採取しました。

感潮域でのプランクトンの採集には、動力船を使い、口径三〇センチのプランクトンネットを用い、持ち帰ったサンプルで種の同定と密度の算出とを行いました。

その結果、河口堰で影響を受けると考えられる感潮域では淡水性プランクトンのほか多くの

汽水性プランクトン、そして沿岸・内湾性（海の）プランクトンの生息をも確認しました。

沿岸・内湾性のコウミオオメミジンコは二〇キロ地点でも採取しました。おそらく高濃度の塩水楔の遡上に乗って河川の奥まで侵入したものと考えられます。

汽水性では茨城県の汽水湖・涸沼以外では見つけられていない汽水性ソコミジンコを確認しました。

プランクトン採集に際し、その地点での採水も同時に行い、塩分濃度との関連も調べました。海洋性、汽水性、淡水性プランクトンは渾然と浮遊しているわけではなく、川の流れ、潮の満ち引き、塩水楔等、塩分濃度の変化とともに移動し、それぞれが棲み分けており、同一地点でも、刻々と変化する塩分濃度により、全く違った様相を見せました。

プランクトンの個体数も塩分濃度の低い水域と高い水域とでは、数十倍から数百倍もの差を見せつけられました。改めて河口堰の影響が懸念されました。

一方、潮汐の影響のない上流での調査では個体数は非常に少なく、ワムシ類のような恒性プランクトンのほか、一時的浮遊生活を行うと見られるユスリカや貧毛類（ミミズの仲間）などの幼生が大きな比率を占めていました。

このユスリカについて再び話題にしなければと考えています。

長良川のプランクトンについては、かつて一九六〇年代に、木曽三川河口資源調査団（略称KST）によって調査され、「汽水域に比べて淡水域のプランクトン量は特に少なくはない」と結論付けられていました。

この結論をもとに、建設省は「河口堰はプランクトンの量には関係がない」と主張していましたが、KSTの結論は全くの偽りではなかったと考えます。

私たちの調査から明らかなように、下流域のプランクトンは塩分濃度や潮汐そして流量によっても大きく変動しています。

これらの条件を考えず、プランクトンネットを引いても、川の中の様相を窺うことは不可能です。

KSTの調査結果は偽りではなく、一断面を全体に広げたことに問題があったのだと考えます。

不誠実な建設省からの回答　その3
――「ユスリカの大発生はありません」「ユスリカは喘息の原因ではありません」

ユスリカの成虫や、プランクトンとともにユスリカの幼虫を採集した事実を知った、アレルギーの専門家である粕谷史郎氏（当初・岐阜大学医学部助教授、後・地域科学部教授）が「堰が稼働するとユスリカが大発生する危険性がある」「ユスリカは喘息の原因（アレルゲン）としてとても危険だ」と指摘されました。

私はこの「危険」という言葉に戸惑いを感じました。「危険」の意味が理解できませんでした。ユスリカは私にとって、とても懐かしい、幼少期の楽しかった記憶に残っていたからです。

ユスリカは生涯のほとんどを水底の泥の中で生活し、有機物を摂取し、水の浄化にも役立っていると言われます。成虫になると口は退化し、栄養分は一切摂取しません。

蚊の仲間ではありますが、人を刺すこともありません。

初夏に羽化し、交尾のため空中へ舞い上がります。

何百、何千、いやもっとたくさんの個体が、円柱状に群がり乱舞します。蚊柱《かばしら》と言います。

子どものころ、初夏の夕方、田圃の上のあちらこちらに、この蚊柱を見ました。

「カッツカ　カッツカ」と大きな声を響かせヨタカが現れ、大きな口をあけ蚊柱の中へ突入します（ヨタカ――全長二九センチくらい、夏に飛来する渡り鳥）。

一匹いっぴきのユスリカを捕まえるのではなく、大口をあけ蚊柱の中へ突っ込み一度にたくさんの餌を食うのです。

蚊柱

こんな光景を見ていると、次第に暗くなり、田圃の上をホタルが飛び始めます。

この光景の直後に嬉しい夏休みが始まります。

私にとって、とても懐かしく、楽しく、うれしかった思い出です。

最近では、蚊柱もヨタカもほとんど見ることはありません。たぶん農薬で田圃からユスリカが姿を消したのだと思います。

そしてヨタカの声も聞くことがありません。

粕谷氏の言葉を聞いた時、この懐かしい蚊柱がなぜ危険なのかわかりませんでした。

その晩、布団の中でハッと気が付きました。

幼虫が羽化し、成虫になると一斉に舞い上がり、交尾し、メスは産卵し、オスはそのまま餌を摂ることもなく死滅するのです。

楽しかった思い出と、粕谷氏の指摘は、大量のユスリカの死骸が、バクテリアによって分解されるか、乾燥し粉末状の物質（タンパク質）が空中を漂うかの違いだと気付いたのでした。私が懐かしむ数十年前と、現在とでは環境が全く違うのです。

特に、田舎では全く舗装がしてありませんでした。乱舞し交尾の後、産卵したユスリカは生涯を終え、殆どが田圃へ落ち、水中でバクテリアによって低分子にまで分解されます。

現在では、地表のほとんどがアスファルト、コンクリートによって覆われています。

バクテリアの繁殖にも不適当です。分解されることのないユスリカの死骸は粉末状になり、空中を漂い、喘息の原因になるのだと気が付きました。

粕谷氏によると、かつて一九二五年ナイル川にセンナールダムが完成すると、二年後の一九二七年にユスリカが大発生、そして一九三五年にアスワンローダムの拡張工事が完了すると三年後の一九三八年にユスリカが大発生し、ともにそれから数年後、喘息患者が多発したとのことでした。

スーダン北部は乾燥地帯です。地表がほとんど自然のままであるにしても、ユスリカの死骸が粉末となり、アレルゲンとして喘息患者が多発したであろうことは素人にも納得できます。

そこで例のQアンドAです。

Q：河口堰ができると、堪水域にユスリカが大発生する可能性があるのではありませんか。またユスリカが大発生した場合、ユスリカが原因となって周辺住民に喘息患者が増えるのではありませんか。

A：ユスリカの大発生については、長良川河口堰の完成後、水質及び底質が大きく変化することは考えられないことから、これを原因とするユスリカの大発生はないものと判断されます。

またユスリカが多発した長野県諏訪湖周辺で、ユスリカの発生と喘息との関係について保険所等により調査が行われ、この地方の喘息患者数が他の地域に比べて特に多いということはないと報告されています。

前述しましたが、ユスリカの死骸がバクテリアによって分解されてしまえば、喘息の原因にはなり得ません。

ユスリカが大発生しても直ちに喘息患者が出るわけではありません。死骸の粉末を吸い込んでの抗体ができるまでは、アレルギー症状は出ません。

スーダンでは、ユスリカの大発生から喘息患者が出現するまで数年を要しています。

ユスリカの粉末がアレルゲンとなり、それに対して抗体が形成され、再びアレルゲンが体内に侵入した時アレルギーを発症することは素人にもわかる常識です。

一地域・一時点での、諏訪保健所の調査結果のみから、ユスリカと喘息の因果関係はないと一般的結論を引き出すのは、非科学的、非常識であり、犯罪行為だとも言わざるを得ません。

ユスリカは、気管支喘息の動物性原因物質・アレルゲンの第二位であることは、アレルギー学者の常識になっているのですから。

因みに、粕谷史郎氏はアレルギーを専門とする医学者です。専門医学者の指摘を否定するのですから、建設省はよほど確定的な証拠を握っているのか、さもなければ、隠蔽しようとする態度の表れだったのでしょうか。

その後、山梨県立女子短期大学と信州大学の共同研究で、建設省の回答が間違いであることが証明されました。

長野県の、諏訪湖周辺に位置する四病院の気管支喘息患者三三人と、諏訪湖から約二五キロ離れた松本市にある信州大学付属病院の気管支喘息患者三一名から採血し原因物質を特定したところ、諏訪地区が一一・三%、松本地区が六・六%と諏訪湖周辺地のほうが二倍以上もユスリカの被害を受けていることが判明しました。

さらに、堰により「水質及び底質が大きく変化することはない」と答えています。冗談ではありません。堰によって水の流れがせき止められれば、上流からの有機物が沈殿し、川底にヘドロが堆積し、水質の富栄養化が生じることは明らかです。

もっと重要なことは、堰建設付近は汽水域というよりむしろ塩分濃度が高い海域です。ここが淡水化されるのです。ユスリカにとって絶好の棲息環境です。

この不誠実な建設省からの回答に、医学者・粕谷先生の研究対象が微妙に変化し始めました。そして現在ではユスリカの研究に多くの時間をさいておられます。

橋の上から、船から、採泥機を使い川底の泥を採集し、ユスリカの幼虫を飼育し羽化させ、その種を同定されました。

さすがに清流長良川です。ほとんどが清流性のユスリカでしたが、ほんのわずかではありますが、セスジユスリカ、クロユスリカといった汚染の著しい河川に多い種類も含まれていることがわかりました。

この中で特に注目しなければならないことは、スーダンで喘息の原因として注目されたクラドタニタルスス（属）のユスリカが含まれていたことでした。

粕谷先生は、河口堰運用後の時間経過とともに変遷する、清流性、汚濁性ユスリカの増減調査を続行していますが、その結果は大変重要なので、改めて書くことにします。

嘘で塗り固められた魚道実験

長良川の夏の風物詩である鵜飼はあまりにも有名です。

その主役は、鵜とともに、清流魚であるアユです。アユは長良川を代表する清流魚です。

アユとともに、サツキマスも経済的価値が高く、資源としても重要です。

アユもサツキマスも川で産卵し、仔魚は海へ下り、成長した稚魚は海から川へと遡上します。川と海とを往き来しています。

建設省は、この経済的魚介類の存在が無視できなくて、河口堰の右岸寄りに、世界最新を謳った呼び水式魚道とロック式魚道とを作りました。

魚類が川を遡る時、水流に逆らって泳ぎます。この水流に逆らう習性を利用し、魚道脇に激しい水流を作り、魚道に導こうと計画されたものが呼び水式です。

ロック式は魚道の上下二か所に水門を作り、水門の開け閉めで、水流を弱め、泳力の弱い魚類を遡上させようと計画された魚道です。

調査団魚類班は、経済的価値の有無にかかわらず、長良川の魚類について精力的に調査をし、これまで長良川の魚類として記載されていなかった九種類を発見するなど、多くの成果を収めました。

魚類班の中心的役割を果たしていた足立孝さんが、これも清流魚であり稚魚が海から川へ遡上する小卵形のカジカに注目し、「世界最新の魚道といえどもこの魚は登れない」と言いました。

この魚はアユやサツキマスのように水中を泳ぎ移動するのではなく、胸鰭で川底を這うように移動する底性魚だからです。

カジカには、清流の河川のみで生活する陸封系の大卵形カジカと、海と川を行き来する小卵形とがあります。小卵形から大卵形へと進化したものと考えられています。

卵の大きさは大卵形が三ミリ前後、小卵形は約二ミリですが、成魚の大きさは、逆に大卵形が体長一五センチ、小卵形一七センチと小卵形のほうが、やや大きめのようです。

孵化した小卵形のカジカは卵黄嚢を持ち、浮上して川を下り、海で約一か月生活・生育し、底性魚として川を遡上するのです。とても落差の激しい魚道を登ることは不可能です。

これに対して、建設省側は、世界最新魚道の模型を作り、「カジカの遡上実験に成功した」とマスコミ関係者を招き、遡上実験を公開しました。

とても不幸な実験でした。

招かれた記者の中に、魚類に詳しい人がいたのです。魚道を登った魚は、カジカではなく胸に吸盤を持ったヨシノボリであることを見破ったのでした。

吸盤を使って、ヨシの茎を登り水上に姿を現す姿から名づけられた魚です。魚道を登ることなど簡単であったに違いありません。

全くのごまかしです。欺瞞です。マスコミを使って国民をだまそうとしたのです。

これが行政の姿でした。

ごまかしはこれでおさまりませんでした。成功させてしまったのでした。

体長約四倍、体重約一〇〇倍もの大きな個体で成功させたのでした。

小卵形カジカはアユと同様、海から稚魚が川へと遡上し、川で生育し産卵して生涯を終える一年魚です。

堰建設現場付近を遡上するカジカの稚魚は、体長二センチ前後、体重〇・一グラム前後です。

小さく非力なカジカの稚魚が世界最新の魚道といえども遡上できるわけはありません。

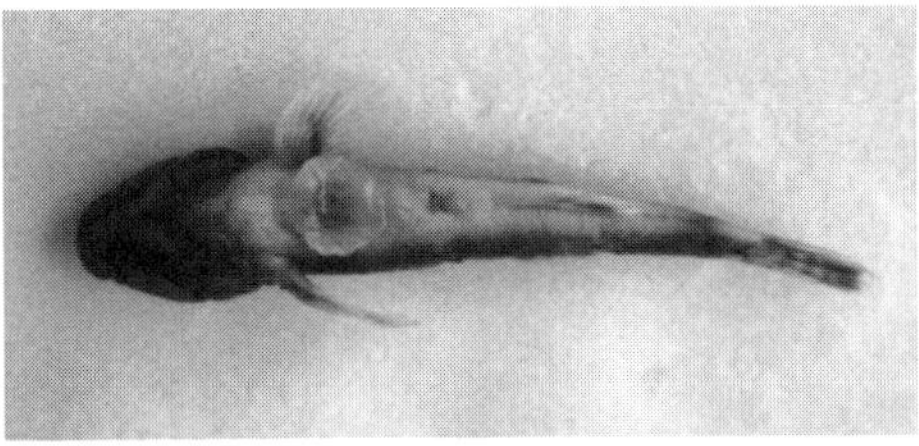

魚道実験で使われたカジカの身代わり。実際は吸盤を持つヨシノボリ。
古屋康則先生採集

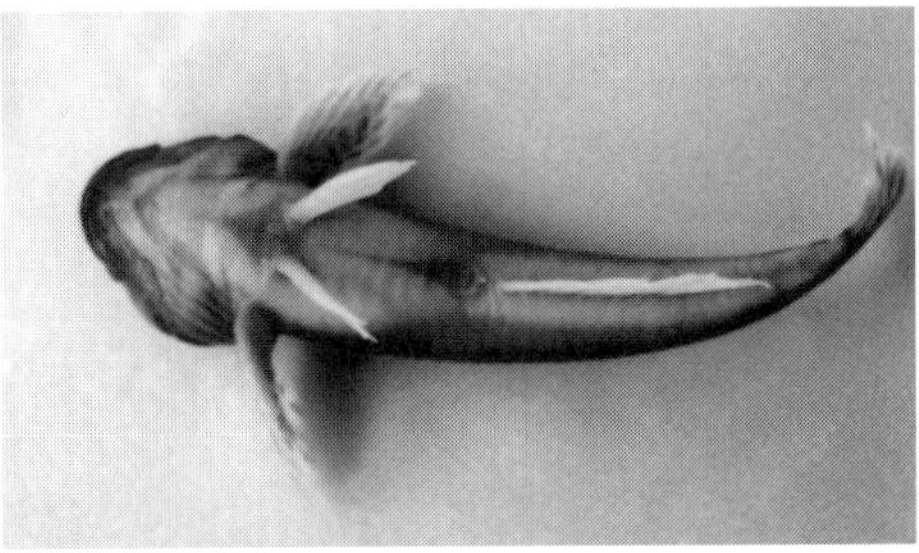

本物の小卵形カジカの成魚。上流域で棲息。
古屋康則先生採集

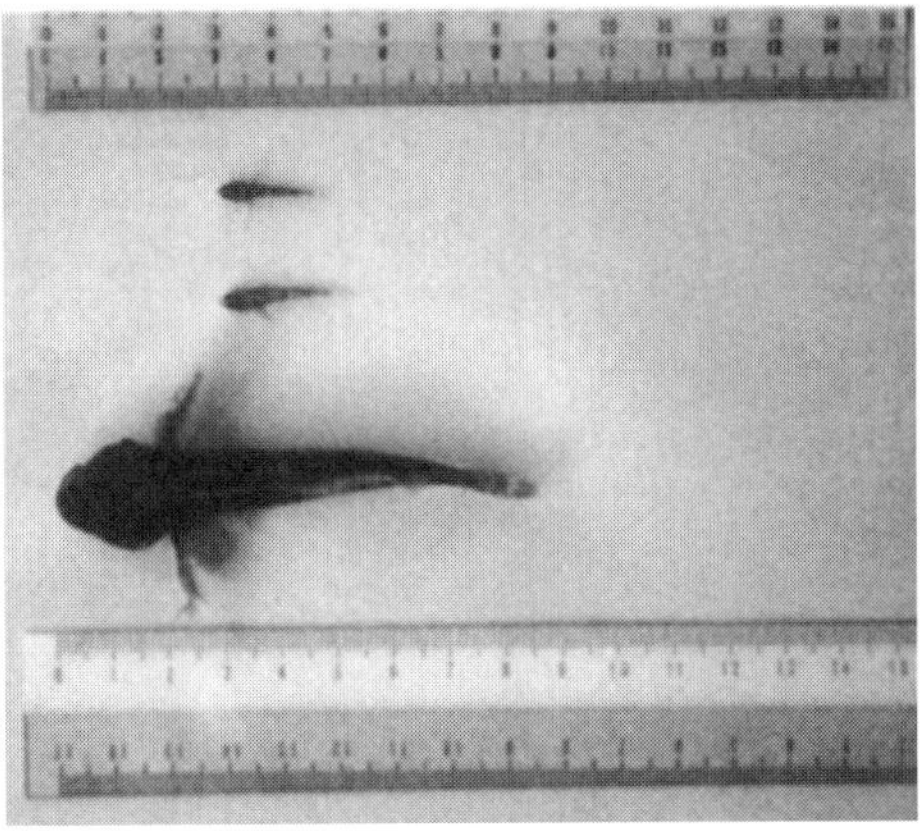

堰遡上時のカジカ稚魚（上２匹）と遡上実験に用いられたものと同じサイズのカジカ（下）。
足立孝さん採集

科学的実験を装った嘘の上塗りにすぎません。

不誠実な建設省からの回答　その4――「アシ原は再生します」の詭弁と無益な行為

河口には、河口堰建設現場付近から二キロ付近の堤防側の浅瀬や中州付近に大量のアシが茂る広大なアシ原が広がっています。

ここにはカニの仲間や、ゴカイの仲間が棲んでいますし、アシ原とアシ原の間の細流には餌を求めて多種類、多数の魚類が集まっています。特に、足立さんたちの調査により、アベハゼ、トビハゼ等ハゼ科魚類の産卵場所として重要な役割を担っています。

さらに、アシ原は水の浄化に欠かせないことは、琵琶湖その他各地で実証済みであり、清流長良川には欠かせない存在です。

河口堰が完成すれば、堪水により水位が高くなり、このアシ原が消滅することは火を見るよりも明らかです。これも、QアンドAを再現します。

Q：河口堰が出来ると、堰上流の水位はずっと高くなるのですか。また、それによってヨシ（アシ）等は枯れてしまうのですか。

A：（一部省略）現在よりずっと高くなることはありません。
堰完成後は、堰上流では潮の満干の影響を受けなくなることから、ヨシの一部について影響が予想され、その対策としてブランケット前面にヨシなどの水辺の植生の復元を行うことにしています。

私たちの調査でアシ原は主に、堰建設現場より上流に広がっているのですから、「堰上流では」の言葉は必要ありません。

「一部について影響が予想され」も不誠実な回答です。広大な範囲のアシ原が水没するのです。建設省の言う再生が成功してもそれはごく一部にしかすぎず、ブランケット（補強工事をした堤防）の前面と言うのですから。面から線へと激減は明らかであると同時に、それは、現在の汽水域のアシ原ではなく淡水域であるため、現在の生態系とは全く無縁です。復元の言葉には値しません。

アシは水生植物ですが、地下茎に通気組織が発達しており、直接空気中の酸素を取り入れています。したがって根元が水中に没したり、現れたりする、干潟が適地だと云われています。干満のある汽水域こそがアシの適地なのです。

ブランケット前面に植栽しても、常時地下茎が水没している場所では枯死するものと思われます。無益な行為であり、税金の無駄使いにほかなりません。

直接、汽水、淡水には関係ありませんが、ヨシ原は小鳥・ヨシキリの住処であり営巣地でもあります。彼ら小鳥の住処が奪われることにもなります。この点にも全く配慮されていません。

蛇足ではありますが、アシとヨシは同一植物です。アシは（悪し）に通じるのでヨシ（良し）と言いかえたと言われています。

「この紋所が目に入らぬか！」——時代劇・水戸黄門を思い出す建設省（現・国土交通省）訪問

一九九一年一二月一八日、足立孝さんと私は建設省を訪れました。

これまで何度も建設大臣あてに質問書、要望書を出しても、なしのつぶてです。

直接会って話し合ったほうが、理解が早いだろうと出かけたのでした。

常識外れの行為だったと思います。建設省訪問の申し入れも、面会の約束（アポイントメント）もなく、いきなり出かけたのでした。

私は東京には全くの不案内でしたが、学生時代を東京で過ごした足立さんは「地理については任せておけ」と言いますので、彼に従い建設省の入り口に着きました。

入り口から中へ踏み込む直前、二人の守衛官に進路を阻まれました。

「入省許可証は？」

「そんなもの持っていない」

「何しに来た？」

「大臣に会うため」

「面会の約束は？」

「そんなものしていない」

「中へ立ち入らせることはできない」

まるで笑い話です。笑われるのは私たちで、守衛官に非はありません。当然の対応だったと思います。

それでも私たちは「この建物は国民の血税で成り立っている。納税者である国民を立ち入らせないとは何事か！」と、こんなことを言ったと思います。

ほとほと手を焼いた守衛官は「それなら身分証明書を出しなさい」「そんなもの持っていない」。

「では自分の名刺を複数持っていないか。一枚だったら誰のものかわからない。二枚以上持っていたら、本人と信じて話を聞こう」と言います。

二人とも自分の名刺を数枚持っていました。

『一級建築士・足立孝』を見た守衛官はほとんど反応を見せませんでした。ところが『長良川下流域生物相調査団』との私の名刺を見た二人は驚き、態度を一変させました。

「失礼しました」「ご案内申し上げます」と、約束（アポイントメント）もない二人を『大臣官房室』へと導いてくれました。

途中で連絡が入っていたのでしょう。官房室では秘書官が待ち受けており、（一見）丁重に対応してくれました。

そして要望書を受け取り「大臣に伝え善処する」と約束し、諫早湾の問題、宍道湖・中海の問題等、政府として自然破壊を食い止めるべく努力していること、「長良川についても考えは貴方たちと同じだ」と言い（真偽は全くの不明ですが）大臣不在とのことで建設省を後にしました。

結局、その後なしのつぶてでしたが、『長良川下流域生物相調査団』の名は、入り口に立つ守衛官に至るまで知れ渡り、彼らがピリピリと神経を尖らせる存在であったようです。

建設省入り口では、「この紋所が目に入らぬか！」「控えおろっ！」と、テレビの『水戸黄門』そのものの光景でした。徳川時代ではなく現在の行政中枢部での経験です。

そして、この日の非は私たちにあったはずです。アポイントメントもなく突然押し掛けたのですから。

形だけ水戸黄門に奉られ、控えてくれたのですが、その後全く進展はありませんでした。計画性のない二人の東京行きは全くの徒労だったのでしょうか。

しかし、行政中枢部の実態だけはしっかりと脳裡に焼きつけることができました。

『長良川下流域生物調査報告書』刊行――一九九四年七月

私たちが調査を始めてまる三年、前回の『中間報告書』に続いて正式な報告書を刊行することができました。

一九九〇年秋、日本唯一のダムのない、自然河川・長良川の自然生態系を記録にとどめようと、調査に着手したのですが、この報告書刊行と時を同じくして河口堰も完成してしまったことは痛恨の極みです。しかし、今となっては、生物相の豊かな清流長良川の姿を記録に残し得たことに満足しなければなりません。

七つの調査項目を設定し調査を進めるうち、次々と新しい課題が出現しました。伊勢湾から海水が遡上するのが、下流域です。伊勢湾の干満に連動して刻々と塩分濃度が変わります。ほとんど同一地点でクロダイ、スズキの海産魚、ギンブナ、メダカ等の淡水魚を採集しました。

同一地点でも採集できるプランクトンの種類も大きく変わりました。時々刻々塩分濃度が変化しているのだと考えました。海から遡上する塩分の濃度も測定しなければなりません。淡水と海水とでは（塩分により）比重が違います。海水は河底を這うように遡上します。この時、上層と下層とでは当然塩分濃度が異なり、そこにいる生物の種類も異なる可能性が考えられます。

調査を要する項目も次から次へと増えました。調査の項目によっては、繰り返し動力船のチャーターも必要です。プランクトンネット、採水瓶、採泥器、イオン測定器、試薬等々とてもポケットマネーだけでは賄いきれなくなりました。

『長良川下流域生物相調査報告書』の刊行費とともに日本自然保護協会と全労災から支援を受け、所期の目標を成し遂げることができました。心から感謝しています。

この報告書の内容についいては、今さら繰り返すことはありませんが、『中間報告書』刊行後から粕谷志郎先生のユスリカの調査・研究についいては、河口堰運用後時間の経過とともに、思わぬ展開を見せますので、後述します。

第二章　河口堰竣工後

多くの人々の心配、反対意見にもかかわらず一九九四年、河口堰は完成をみました。巨大な化け物です。治水対策とは言いながら流れを堰き止める構造物の出現です。洪水時に近隣住民の安全は保障されるのかとても心配です。

建設省は洪水時には堰門を開き濁流を流す可動式だと言いますが、幅五メートルの堰柱（ピア）が一三も立てられ、合計六五メートルにもなります。濁流をせき止める危険な構築物であることは誰の目にも明らかだと思います。

試験堪水と「長良川モニタリング委員会」の設置

建設省は、一九九五年の運用を目指し、試験堪水（実験的に堰を閉じる）を行い、その間に、さまざまな調査を実施し、安全を確認すると、五十嵐広三建設大臣は発表しました。

安全性確認のため、専門家で調査団を組織し、防災、塩分、環境などの調査検討を行うと、二三名の専門家名を公表しました。

たった一年の試験堪水で、「環境への影響はない」と、世間を納得させる目論みだったのでしょうか。

この専門家集団を「長良川モニタリング委員会」と称しました。この委員の人選についても、中立性を疑問視する声がありました。

そして、その調査、検討をまとめた書物『長良川河口堰調査　中間報告書』が発行される前日、私の身にとんでもない騒ぎが降りかかってきました。

写真の無断使用問題

「嘘つきは泥棒の始まり」という言葉がありますが、河口堰問題に関する旧建設省は、まさにこの格言通りの姿を見せるに至りました。

一九九五年一月七日土曜日の寒い夕暮れ、親しい友人のトラックの助手席に乗り、東京へ向かおうとした、まさにその瞬間でした。私を追いかけ家から飛び出してきた妻が電話を伝えました。

走り出したトラックをバックさせ、受話器を取りました。女性の声でした。某新聞社の記者を名乗りました。

建設省中部地方建設局と水資源開発公社中部支社が明日付で発行する予定の『長良川河口堰調査　中間報告書（第2巻）』に私の写真が使われているというのです。「許可を与えたのか。それとも盗用か」と聞かれたのでした。

私たち長良川生物相調査団はそれまでの調査結果を『長良川下流域生物相　調査報告書』にまとめ一九九四年七月に刊行しました。河口堰完成前の、長良川の自然を科学的に描写したものです。そのほとんどの内容は、河口堰によって生態系が破壊され環境が悪化するであろうとの危惧を予測したものばかりでした。

この私たちの調査、見解に対抗するため、建設省が研究者・学者を集め、独自の調査を行い、私たちの見解と正反対の結論をPRする内容の冊子を作り、出版する前日、マスコミ関係者を集め、説明会を開いたのでした。

私たちが刊行した冊子に記載した写真を見知っていた新聞記者が盗用に気付いたのでした。「明らかに盗用である。コメントが欲しい」と女性記者は言います。

実物を見ていない私にはコメントのしようがありません。その旨を伝えると、「すぐファックスで送る」と言います（当時、まだメールは普及していませんでした）。

数分後にファックスが届きました。でも、私の写真はカラーであり、送られてきた映像は白黒で解像度も悪く、「よく似ている」とは言えても「自分の写真だ」とは断定できません。

そう伝えて、トラックの助手席に飛び乗りました。

その日の夜半、東京・中野のビジネスホテルに宿泊し、翌朝6時のラジオニュースで私の名前が聞こえてきました。建設省による盗作・盗用問題が伝えられているのでした。さらに「撮影者は只今行方不明で談話が取れない」と言っています。

驚き、家へ電話を入れると、マスコミ各社から取材の電話が殺到し、妻が「音を上げている、すぐ戻ってほしい」と言います。

東京での要件を果たすこともできず、新幹線に飛び乗り岐阜へ戻りました。

我が家には新聞記者が待ち構え、建設省が出した冊子を見せられました。

間違いなく『長良川下流域生物相　調査報告書』に載せたアシ原を写した私の写真と、野鳥班の大塚之稔さんのオオヨシキリの写真が使われていました。

私の行方がわからず確認が取れなかったためか、翌々日（一月九日）の各新聞に取り上げら

（平成7年）1月9日（月曜日）　讀　賣　新

「河口堰」報告書

建設省、写真を無断転載

研究団体側が撮影　「説明」も改ざん

建設省と水資源開発公団が六日に公表した「長良川河口堰《ぜき》調査中間報告書」に、学者や市民で組織している長良川下流域生物相調査団（団長・山内克典岐阜大教授）の「報告書」に掲載された写真が無断転載されていたことが八日、明らかになった。写真説明も独自に撮影したかのように改ざんされており、同調査団では近く抗議する方針だ。

無断転載されたのは、長良川・伊勢大橋上流（三重県長島町）のアシ原の写真と一羽のオオヨシキリがヨシにとまっている写真。岐阜東高教諭伊東祐朔さんと日本野鳥の会岐阜県支部の大塚之稔さんが別の時に撮影、昨年七月発行の「報告書」に並べて掲載された。

「中間報告書」では、この二枚を第二巻にそのまま並べて掲載。あたかも組み写真のように、「オオヨシキリ調査」「オオヨシキリ」との説明を付けた。

本文では、「河口堰による湛《たん》水や河道のしゅんせつによるヨシ原の一部消失が、オオヨシキリの生息にどんな影響を与えるか確認のため」、昨年六月二十一―二十四日、同川下流の左右両岸で調査したとしており、写真はいわばその証拠となっている。

伊東教諭は「調査自体の信頼性さえ疑わせることだ」とあきれている。

山内団長は「伊東さんたちとも話し合い、近く建設省に正式に抗議、無断掲載の経緯をただしたい」としている。

上総周平・建設省中部地建河川調査官の話「弁解の余地はない。事情を調査中だが、報告書をまとめる段階で、紛れ込んだらしい」

調査団報告書からの「盗用」を報じる読売新聞（1995年1月9日付）

れていました。

建設省の言い訳は「たくさんの関係写真の中にこの二枚が紛れ込んでいたらしい。うっかりミスだ」というものでした（新聞によって少々表現の違いはありました）。

絶対に嘘です。写真はフィルム（ネガ）も紙焼き（ポジ）も私の手元にあり、他人に渡すはずがありません。まして建設省になぜ渡さなければならないのでしょうか。

私たちの冊子からコピーして使ったとしか考えられません。

私が撮影したヨシ原の写真を、あたかも自らの調査時に撮影したかのように、キャプション（写真説明）まで「オオヨシキリ調査」とされています。私の写真は「河口堰で消滅するアシ原」です。

その隣には、読売新聞、毎日新聞とも大塚さん撮影の写真で、共に「オオヨシキリ」と記されています。

明らかに、意図的な盗用であり、自らに都合よくキャプションを改ざんしたものです。

正に、犯罪行為です。

マスコミに大きく報道され、建設省もこのまま発行することができず、回収し、改めて印刷し直し、発行しました。

これらの経費はすべて私たちが納めた税金です。税金の無駄遣いです。

数日後、建設省・中部地方建設局の上層部の二人が、私の職場へ言い訳と謝罪に訪れました。

私は、言い訳も謝罪も受ける気にはなれませんでした。「お二人の言い分を聞きおく」と返事をし、帰ってもらいました。

お詫びのしるしか、それとも手土産か、えびせんべいを押しつけられました。

法律に詳しい友人によりますと、著作権侵害の中でも盗用は最も罪が重いと言います。

多くの仲間から告発を勧められました。

告発しても、たぶん指示した上役は罪を逃れ、何も知らずに作業をさせられた人が責任を問われるのではないかと考えました。トカゲのしっぽ切りです。

指示に従い作業をしただけの人を罪人にするのは本意ではありません。告発は見送ることにしました。

山内克典団長名で野坂浩賢建設大臣あての抗議文のみで決着としました。

このころめまぐるしく、建設大臣（内閣も）が変わり、交渉相手が誰なのか戸惑うこともしばしばでした。ちなみに、私たちが調査団を結成してから、抗議文を提出したのは、七人目の建設大臣でした。大臣は変わろうとも、河口堰に対する建設省の態度は一貫していました。

官僚支配の、この国の有りようを、物語っているように思えるのですが……。

あり得ないことではありますが、建設省の言い分をそのまま信じて、単純なミスであるなら、そのようなずさんな冊子です。内容も信頼に値しないものだと思います。

さらに、この報告書には調査した人の名前も明記されておらず、科学とは縁遠い代物でした。

しかし、この報告書に記載された生データには、結論部分の「影響は少ない」「影響はない」とは裏腹に、重大な調査記録が記載されていました。

真剣に、詳細に調査されており、調査した科学者の良心を見せていました。

真面目に、科学的に調査した人とは別人が、堰運用に都合のよい結論部分を作文した報告書であることを垣間見せていました。

自らの調査結果を捻じ曲げてまで、河口堰の正当性を主張する行政の姿に恐怖を感じましたが、この件については詳しく後述します。

「円卓会議」の開催

この当時、長良川河口堰の建設・運用に反対する声も多く、「差し止め請求」裁判や署名運動、カヌーによる水上デモ、ハンガーストライキ等々が、連日のように報道されていました。

私たちも調査を進めれば進めるほど、河口堰の正当性が見当たらず、心は反対派に傾いてはいましたが、「調査団」の性格上、一応反対派とは一線を画していました。

一九九四年一二月、野坂浩賢建設大臣が現地調査に訪れ、推進派、反対派のそれぞれが口々に自らの主張を訴え騒然となっていました。

賛否両主張が渦巻く中、自治労の役員が仲裁に入り、大臣に「円卓会議」での話し合いを提案したのだそうです。結局、翌年一九九五年三月と四月、河口堰の地元・三重県長島町で、防災、環境、水需要、塩害の四テーマでの円卓会議が催されました。私も、山内克典団長、粕谷志郎先生とともに、環境の部門での円卓会議に参加しました。

環境問題・あげあし取りに終始した一回目——三月二七日

この日の速記録（建設省中部地方建設局作成）が手元にありますので、重要と思われる部分を振り返ってみます。速記録には参加者・発言者の名前が、姓だけの方と、姓名が明記された方がありますので、そのまま記述します。

参加者は事業実施機関側から、建設省中部地方建設局河川部長の竹村、同河川調査官の上総、水資源開発公団中部支社の塩入淑史の各氏。

座長は、モニタリング委員でもある奥田先生、椎貝先生のお二人。

モニタリング委員会より、西條、佐藤、中西、和田の四先生。

自治体関係者（推進派）伊藤（仙）、伊藤光好の両氏。

反対派側から東京水産大学の水口憲哉先生、長良川河口堰建設に反対する会事務局長の天野礼子氏。

長良川下流域生物相調査団より、山内克典団長、粕谷志郎先生、そして私が参加しました。

計一六名でした。会場にはこのほか、マスコミ関係者や推進派、反対派の市民が傍聴に詰めかけていました。


調査団として会議に参加するにあたり、建設省に対し、私が事務局の立場から、総論といいますか、汽水域、アシ原、回遊性生物、汽水生プランクトン、経済的魚介類、汽水性魚類への影響の、六項目を提起し、山内先生には研究者としての立場から、その個々について詳細に議論していただき、粕谷先生には専門家としてユスリカの大発生に伴う喘息多発の危険性について発言していただくように打ち合わせました。

会議の冒頭、私たち調査団の三人は、反対派代表として紹介されました。実は私自身、なぜ建設省が主催する円卓会議への参加を要請されたのか、疑問に思っていましたが、天野礼子氏の推薦によるものだったとわかりました。天野氏は、私たち調査団を反対派の一グループだと誤解していたようです。

でも、それは仕方がないことだとは思います。私たちがこれまで行ってきた調査結果のすべてが、河口堰の危険性を指摘するものばかりだったのですから。

議事に入る前、参加者全員、一人ひとりの自己紹介がありましたので、私たち三人の立場を明確にしなければと思い、次のように発言しました。

「伊東祐朔ともうします。反対派ということでここに名前があるんですけれども、私たちは実は賛成とか反対とかいう立場ではなしに、長良川の生物相がどうなるかということで、また河口堰ができたらどう変化していくかということで一九九〇年に長良川下流域生物相調査団を発足させました。（私は）その事務局長を務めておりますので、一応私たちのグループ全体を見渡せる立場にいるということで、本日参加させていただきました。よろしくお願いします」

（引用部分は速記録のままです．以下同じ）

参加者各自の自己紹介が終わってから、奥田座長から

「……略……これから会議の本質に入りたいと思います。今日の予定項目としましては、調査のあり方、汽水域と水辺環境の変化、物理環境の変化、水質、人体への影響、生物への影響等となっておりまして、一応この項目の順序に従って進めさせていただきたいと思います。

議長としましては、やはり絶対的な時間不足ということはどうしようもないことでございますけれども、一つ一つ初めから余り小論にはいると、全体の概観が難しくなりますので、できれば、なるべく概観的な段階を済ませて、それから関係の深い各論に入りたいと思っておりますが、やはり総論と各論の区別の付きにくいこともございますので、それにつきましては座長の方で適当に判断させていただいて、なるべく円滑に進めていきたいと思っておりますので、ご協力をおねがいします」（速記録・一部省略）

少々私たちの思惑から外れた議事進行が提案されましたが、この点に関しては特に、問題はないと納得しました。

しかし、座長から「時間を有効に使いたい」との発言があったにもかかわらず、直接この日の議題とは思われない議論が、反対派と建設省側とで延々と続き、イライラさせられました。

そんな中で建設省側の次の発言が気になりました。

「この長良川は、御存知のように、一六〇九年に徳川が関ヶ原の戦いで徳川が勝ち徳川義直がお囲い堤を一六〇九年延々と五〇キロ、犬山までつくったわけでございます。それ以降、この地域は何百年の間に何万人という方々の命を失っていた。お囲い堤から西側の地域、濃尾の、美濃の地域の方々は大変な苦しい思いをしてきた。その三〇〇年、四〇〇年という時代を経て、明治初頭にこのような三川分流という大河川の改修工事がおこなわれたということでございまして、この長良川は、私ども河川管理者から見ると、日本で初めて河川事業が全国の税金を、北海道から九州まですべての税金を、一度東京に集めて、そして一地方の河川改修に投入していくという最初の事業でございます。私ども、全国的に川を見ましても、これほど逆の、はっきりわかりやすい言葉で言うと、これほど手が入った川は私はめったに見られないような認識をもっております」

誰もが知る歴史上の事実を持ちだし、長良川はすでに人の手が入っており、自然河川ではないと強調しています。

問題のすり替えです。私たちが問題にしているのは、海水と淡水を分断する河口堰についてなのです。

流域にダムがない清流長良川が、堰によって、どのように傷つけられるかを問題視しての会議のはずです。この発言に対し、当然のように、延々と反論が続きました。

全く実りのない議論でした。


こんな概念的なやりとりの中でも、反対派代表の東京水産大学水口憲哉助教授が的を射た、具体的な質問をされました。

「堰建設についての漁業補償は終わったのか」と。それに対し、「流域には昭和六三（一九八八）年現在二二の漁協があったが、すべての漁協から堰着工の同意を取り、各組合とそれぞれ交渉し、すべての組合に支払いが完了している」と答えました。

この昭和六三年というのは、最後まで反対の姿勢を貫いていた、最下流の赤須賀漁協などが弓折れ矢尽きた年でした。

それまで堰建設に反対し続けていた流域漁民が、札束で頬を打たれ、推進派に変わらせられたのでした。

各地で問題になっている、必要のないダム建設など、公共工事と同じ構図です。

環境に影響がなく、世界最新の魚道が機能するのであれば、全く必要のない補償金です。

さらに水口氏が「支払った金額は」と質問されたのに対し「この問題は、本日の環境問題と関係ない」と突っぱねました。

「アユやサツキマスに影響があるから漁業補償という形で表れたのだから、その金額で環境への、影響の度合いがわかるはず」と追及しました。

それに対し「金額を述べるには非常に時間がかかる」と答えます。

水口氏は「それなら後に教えてくれるのか」。

奥田座長も「資料としてご提出していただければ」と促しました。

それに対する建設省側の答弁が、非常に興味をそそられましたので、速記録をそのまま、書き写します。

「その件に関しまして、建設省、これも私どもではないんですが、すべての公共事業を進める上で、補償というのがついてございます。補償というのは、私どもが、相手の方々と合意の上でお支払いする、これは正式なものでございます。そして、私どもが幾らお支払いしたかというのはすべての公共事業の補償の中では業者は言わないことになっております。実は、国会などでも正式な質問がされまして、私どもの建設省の大臣、局長、そしてほかの省庁の公共事業をやっている方々も、幾らこちらがお支払いしたかというのは、企業者は言わない。相手のプライバシーの問題があるということで決して秘密事項でも……略……」と答えています。答弁が、次々と変わり、最後には「国会でも答えられない」とまで言いだしたのです。「時間がかかる」は嘘で、「答えられない」が本音だったのだと思います。国民は知る権利を有するはずですが、自分の支払った税金の行方すら知らされないというのでしょうか。

もう一つ、水口氏の質問に対する建設省側の答弁が、とても気になりました。「この調査委員会（モニタリング委員会）の権限について、調査委員会がある結論を出した時、その結論に建設省は従いますか」に対し「最終的判断は建設省」だと答えていることです。この時、奥田座長も「ちょっと座長の発言で申し訳ないんですが、今の竹村さんのおっしゃった第一回のブリーフィング（マスコミ向けの報告会）の時、私が座長をやって答えておりまして、尊重するかと言われたのに対しまして尊重されるだろうとお答えをしております」と不快感を表していました。

初めから「河口堰ありき」の結論で、この円卓会議も建設省が編成したモニタリング委員会も、共に見せかけの民主主義にすぎなかったのでしょうか。

こんなやりとりの次に、前年（一九九四年）、計画されていた三回の堪水試験（堰を閉め、影響を調査）のうち、夏場の調査が行われなかった事実についての論議に移りました。

この件についても私たち調査団側からは一言も発しませんでしたが、そんな中にも重大事項が見え隠れするのを、見逃しませんでした。

前年の夏は雨がほとんど降らず、異常渇水と言われ、長良川の水量も極端に少なくなっていました。

「なぜ、夏の調査を行わなかったのか」との質問に対し「五月に三日間調査を行った。その時、堰上流に潮が入ったままゲートを閉めた。すると、一五キロ地点までの川底にベッタリと塩水が張りついてしまい、酸素が減ってしまった。雨が降り、流量が増すと塩が流され、その後ゲートを閉めても酸素に問題がないことを知った。だから、夏場も同じ調査をしたかったが、ゲートを閉めると川底の酸素が減ってしまい、生態系に大きな影響を与えるだろうと判断した。生態系に大きなダメージを与えたくないため堪水調査を取り止めた」と答えたのです。とても奇異な回答です。

「川底に、塩水が張りつき、酸素量が減った」との発言には当然の結果だと納得しました。しかし、河口堰の目的の一つである、初期（昭和三〇年代）からの利水（真水の取水）はそのまま残っています。「堰上流に潮が入ったままゲートを閉めた」には納得ができません。海水と淡水との分断が目的なら、五・四キロ地点での川底より海面が下がった後に、すなわち大潮近辺の干潮時に、堰を閉じるのが常識です。

しかし、建設省側の言葉上の配慮とは別に、私たちはこの実験結果の、「川底に塩水がへばりつき、酸素量が減少し、ＤＯ（溶存酸素）が二〜三の値を示した」ことに注目しました。（酸素呼吸を行う）生物の生存限界はＤＯ三と知られているからです。

ＤＯの値は容積一リットル中に含まれる酸素のミリグラム量を表します。

この三という数字は、酸素呼吸を行う動物が窒息するか否かの限界で、決して正常に生育できる値ではありません（これより低い酸素量で生き永らえる、動物がいないわけではありません）。

さらに「生態系に大きなダメージを与えたくないため堪水調査を取り止めた」と建設省側が、自然生態系に充分な配慮をしているように言いましたが、この直後、奥田座長から「ちょっと待ってください。これは我々のアドバイスもありました」と発言され、不快感を示されました。生態系に配慮したのはモニタリング委員の先生たちだったのです。

「調査を行った」という実績のための調査であり、その結果に慌てて「生態系に配慮し八月は取りやめた」と言い繕っています。

しかし、五月の実験でヤマトシジミ、ゴカイの仲間等、多くの生物が死滅したであろうことは想像に難くありません。

この「川底に塩水がへばりつき、川底の酸素量が激減する」との発言は、私たち調査団の目を河口堰の下流へと向けさせる切っ掛けとなりました。

この時、もう一つ、モニタリング委員の西條八束名古屋大学名誉教授から、注目させられる発言がありました。

「九月一八日から一か月閉じられた時、流量がかなりあったので、鉛直混合があり（かき混ぜられ）底層に酸素が供給されるのはあたり前。夏季温度が上がると（水に溶ける）酸素は減る。逆に、酸素を消費する生物の活動が活発になり、ＤＯの値が三を割る可能性がある。夏季の実験もしたかった」と学者としての良心的発言でした。

この円卓会議は一応、三時間と限定されていました。

議事から離れた話が延々と続きました（しかし議題から離れているとは言え、所々に推進側の本音や問題点が露呈し、全く無意味であったとは言いません）。

二時間を経過し、残り時間も少なくなったころ、やっと調査団の山内先生に発言の機会が与えられました。

これ以前の虚しいやりとりの中で、ある昆虫学者から何の根拠を示すこともなく、私たちの神経を逆撫でするような発言がありました。

「長良川は最も自然の残された川だとの発言があったが、自分は十年間調査に携わってきた。木曽三川（木曽川、揖斐川、長良川）の内では、比較的貧相な生物相を持った川だと認識している」と。

山内先生は汽水域に関する発言の最初に「長良川の特徴の一つとして、回遊魚の種類も量も豊富であるということ、これは木曽川でも昔は、例えば小卵形のカジカ等は、犬山の鵜飼での漁獲量が、アユ、オイカワ、小卵形カジカ、という具合に三番目に多かったのだが、最近ではカジカ、アユカケ等（回遊魚）は取れていない。揖斐川でも同様、回遊魚の漁獲は極端に少なくなっている。これはダム、堰の影響としか考えられない。長良川の豊かな生物相の一つの側面として回遊魚の多さが挙げられる」と、具体的に反論しましたが、先ほどの学者は無言を通しました。

汽水域に関しては、私たちの調査結果、そして汽水域の意義・役割について発言されました。

「汽水域は幼・稚魚の成育場所であり、生物生産が大きいこと」

「汽水域は回遊生物の生存には必要不可欠であること」

「汽水域には特有の生物相があること」

「水禽類（水鳥）の餌場として欠かせないこと」

「汽水域は豊富な生物相により、水の浄化に役立っていること」

「この浄化作用が失われると伊勢湾に赤潮などの恐れがあること」

「汽水域には、干満の影響を受け広大な干潟《ひがた》が形成されていること」

「干潟にも、多くの生物が依存していること」

「干潟には、大規模なヨシ原が存在すること」

「ヨシ原を、多くの鳥類が繁殖地として、餌場として、越冬地として、利用していること」

等々、さまざまな例を挙げた後、河口堰運用後これらが消失することを指摘されました。


その後、私のほうから、これまで調査団が行った各地点での塩分濃度（塩化物イオン濃度）について発言したところ、「その時の流量はどうだったのか」との質問がありました。

私たちの立場から言えば、そんなことはどうでもよいことです。確かに流量によって塩分の濃度に差は出るでしょう。しかしその地点まで潮が遡っている事実が重要なのですから。

建設省側からも、さまざまなデータが示されましたが、結局私たちの見解を否定することはありませんでした。

最後に奥田座長から「堰を締めきったら上は完全に淡水になる。下方はどうなるかと言うと、上下（水深）が今までより非常にはっきりする。表層、下層の差がはっきりすると言うことが、河口堰の大きな影響」と発言されたことが、重大な問題であることに気づき、これ以降私たちの注目を堰下流へと向けさせたのでしたが、項を改め報告します。

これ以降も、主題から外れた問答が繰り返され、時間だけが経過し、終了を匂わせた座長から「質問があったら簡単に」と私に発言を求められました。

「私の準備した六項目のうち一つだけしか終わっていない。外に河口堰と人間の健康問題で、粕谷志郎先生からの話も、モニタリング委員会の先生方との合意が必要だと思う。ぜひ、日を改めてもう一度話し合いたい」と再度の会議を提案しました。

その後、これで終わりにするかどうかについて、またしても全く実りのない議論が延々と続きましたが、最後に、「実に具体的な、人体の健康に関わる問題を、私は提起したかった。ぜひ、ぜひ、こういう機会をもう一度、あるいは二度、必ず作っていただきたい」と、粕谷志郎先生も発言されました。

その後もさまざまな勝手な発言がありましたが、粕谷先生の発言が功を奏し、日を改めて再度の会合が決まり、この日は散会しました。

ほとんど無駄話を聞かされるだけの、退屈な半日でしたが、奥田、西條両先生の指摘から、私たちの目が河口堰下流へと向けさせられたことが大きな収穫でした。

これまで私たち「調査団」の目は堰の上流域のみで、「堰下流は汽水域から海域へと変わるだろう」くらいで、特に注目したことはありませんでした。

全く予期しなかった大変な事実が隠されていたのでした。回答は建設省が発行した『長良川河口堰調査中間報告書』にあったのです。

堰の運用を目指した建設省の報告書です。

まして、私の写真を盗用した、例の報告書です。

数字、表、グラフが満載の書物です。目を通す気にもなれませんでした。

そんな報告書を粕谷先生と山内先生が丹念に、詳細に検討され、大変な事実に気づかれたのでした。

堰運用を目的とした建設省の思惑と、自然科学者の真摯な調査結果が同居した、奇妙な報告書だったのです。

科学的な調査結果に、堰下流域は「死の川底」になるだろうとの衝撃的なものがあったのでした。

円卓会議の継続――続会・四月一五日

建設省側も、前回の実りのない結果を無視することはできなかったのでしょう。四月一五日に延長会議が開催されました。

参加者は、建設省側、反対派、調査団側に変わりはありませんでしたが、推進派は長島町長の伊藤光好氏が公務のため企画室長の不破九二生氏に代わっていました。

そしてモニタリング委員としては椎貝、西條、和田の三氏のみの出席で、椎貝、西條両先生が交代で座長を務められました。

汽水域の消失を全面的に認める建設省

会議の冒頭、座長の椎貝先生より、前回汽水域の問題が煮詰まっていなかったとの理由から私に発言が求められました。

私は、前回と全く同様、「建設省が主張するより、上流まで汽水域は広がっている」こと、「河口堰により汽水域が消失する」ことを繰り返しました。

さまざまな実りのないやりとりがありましたが、結局最後には、建設省中部地方建設局・河川部長の竹村公太郎氏が「全部データとして出ております。……略……塩はだんだん上流へ上りつつあるなと。……略……いわゆる塩分濃度はかなり上の方まで行きつつあるということは認識しております」。そして「河口堰で汽水域が、かなり勾配のきつい塩水と淡水が区切られてしまうんじゃないかということは、これも事実として、そのようなことだということだと認識しておりますし、私どもまさに潮止め、伊勢湾から押し寄せてくる潮を止めるための河口堰をつくるという、この河口堰の目的から見ても、これは私どもの本来的な目的の一つでありますので、それは全く事実として同じ認識をしております」。

つまり、すべて私たちの調査結果を事実として認識していたというのです。

私が「堰から上流の汽水域は、もうなくなると、こういうふうに認識していいわけですね」と念をおすと、竹村部長は「はい」と一言、答えています。

そして私が「そうすると、そこから上流域の生き物にとっては影響が大きいこともよろしいですね」との念おしに対し、「今まで汽水域だったところが淡水になります。そうすると、それに伴う生物相の変化というのは間違いなく起こるであろうということも、私、承知しております」。

まるで漫才です。全く認識の同じ者同士の議論等、常識では考えられません。

次にヨシ原の問題では、前回山内団長からの指摘を私が繰り返すと、上総・河川調査官が「現在のヨシ原は一〇〇ヘクタールぐらい、浚渫やブランケット（堤防補強）工事前は三〇〇ヘクタールぐらいだっただろうと、航空写真から推測している」と述べた後、堰の影響について「今生えているヨシ群落の影響というのは、あると思いますが、すべてがなくなるわけじゃなくて、水深に応じて生育していくだろうというふうに思っております」と、私には理解できない答弁でした。

さらに「水面がぐっとぐって今後影響があるようなところについては、少し上に土をかぶせたりしながらして、そういうことによって、新しい芽がそこを地盤にしてまた生えてくるというふうなことを、今、試験的に調べてございますし、そういうことでの対策というものをやっていきたいと思っております」。さらに「基本的に、ヨシはその堰の下流の、汽水域と今我々は考えておりますが、そこのヨシというのは基本的には現状のままになるであろうというふうに考えております」とあまり納得のできない回答が続き、最後に竹村部長の「長良川の河口堰上流は淡水域になりまして、いわゆる汽水性の状況でのヨシ原ではないかということは、もう、事実でございます」で、この件は終わりました。

次に小卵形カジカの魚道遡上実験で、伊勢湾から河口堰付近を遡上する時期の、稚魚の一〇〇倍もの体重を持った成体を使ったことについての、私の質問に対し、「実験をする時に稚魚が（時期的に）捕獲できなかったから、やむを得なかった」に続き、この実験を担当した学者から「底生魚であるカジカは稚魚の方が遊泳力、突進力があるとの実験結果がある」との発言もありました。

具体的な実験例も示されず、到底信用できる発言ではありませんでしたが、当方も、遊泳力云々には反論する具体的資料を持ちませんので、時間制限もあり、この件はこれで終わりました。

ただし、反対派、東京水産大学の水口先生から「底生生活に入っている成体と、半中層で浮遊生活する稚魚の遊泳力を一つの物差しで測ることはできない。もう少し具体的なデータをもとに、もっときちんとした場（学会を指すものと思います）で議論すべき」との発言がありました。

「堰を閉めてからも、上流で捕獲し確認している（だから魚道を遡上した）」との建設省側の反論もありました。

ビデオ放映——ベンケイガニの繁殖、イトメの生殖遊泳

「ベンケイガニ」の項目で書いた件ですが、建設省は、私たちの質問に対し、マスコミを通して国民に、全く事実でない回答を寄せています。

不毛な言葉による議論は避けたいものと、私が撮影したビデオ映像でベンケイガニの生活史を示しました。

○五月中旬、一八キロ地点に、散在するベンケイガニの様子。

○五月下旬、雌雄が交尾する様子。
○六月、腹に、無数の卵を抱いたメスの様子。
○七月の満月（大潮）の晩、満潮時にメスガニが川へ放卵（放生）する様子。
引潮に乗って卵は伊勢湾に流され、海域で第一稚ガニにまで変態を繰り返し生育すること。

そして、九月の大潮時、逆流に乗って、三〇キロ地点までの岸辺に（前日まで皆無であった）稚ガニがびっしりと漂着していること。

ベンケイガニは、建設省の回答とは異なり、潮汐を利用して、三〇キロ地点までの岸辺と海とを回遊していることを話しました。

次にイトメの生殖群泳の模様を放映しました。

これらのビデオを通じて、汽水域には潮汐の影響があるからこそ、これらの生物が生息していること、汽水域の生物相の豊かさを指摘したつもりです。

と同時に、建設省の「ベンケイガニは陸上を歩行移動する生物」との回答の無責任な非科学性を指摘しました。

ビデオ放映の後、私は「十五分を過ぎてしまったので、これで終わります」と言ったところ、座長が「意見の言いっぱなしはあまり適当ではないので」と建設省側にコメントを求めました。

それに対しての、水資源開発公社の塩入氏のコメントの一部を紹介します。

「私どもは専門家ではございませんので、カニ専門の方にもご意見を伺っているわけでございますが、今お示しになったのは確かに長良川における生態かと思います。ここで書いてございますのは、『文献によれば』と、こう書いてございますように、ベンケイガニ。要するにイワガ二科のこういうカニの基本的な生態について書いているものでございますので、こういう生態の、今の河川における遡上領域とか、そういうものは河川によっていろいろ距離的なものがかわってくるだろうというふうに考えております」。

なんだかわけのわからない発言です。

この後、山内先生を中心に「文献によれば」についてやりとりがありました。

最後に山内先生は
「文献が大切だと思ったから、僕はしつっこく聞いたんです。といいますのは、建設省の言っておりますことは、長良川河口堰への質問へのお答えということで、全国民に向けて疑問に答えるという形式なんですよね、これは。それがいいかげんなことでは困るという意味なんです。だから、これは後で結構ですので、どういう文献で調べたかをきちっとやっていただきたい」

と、建設省側の不誠実さをいさめるよう、締めくくられました。

しかし、いまだ「文献」についての回答はありません。

この山内発言の少し前に、先ほどの汽水域消失に関連し、竹村河川局長のこんな発言もありました。

「水質的な大きな変化でございますので、それに応じた、また新しい生態系の……略……変化というものはあらわれるだろうと。それをきちんと長期的に私どもは把握していきたいという趣旨もありますので、今後、私どもだけでも、能力足りないところございましたら伊東さんとか山内先生等と協力し合って、私どもも、この長良川の長期的な観点でデータを把握して、その分析に務めていきたいと、実は本当に、心からそう思っております」

これも、いまだ何の協力依頼も連絡もありません。


これまで私たち「調査団」は堰より上流部の調査を綿密に行ってきましたが、堰下流域に目を向けることはありませんでした。

ただ、建設省は「五・四キロまでの汽水域が残る」と言っていましたが「汽水域ではなく塩分濃度の高い、海域と言うべきだろう」くらいに漠然と考えていました。

そんな私たちの目を下流域に向けさせたのが、前回の会議での奥田先生、西條先生の発言でした。

会議の後、粕谷先生、山内先生は、建設省の出した資料と、かつて木曽三川資源調査団（略称ＫＳＴ）による報告書を綿密に検討され大変な事実に気づかれたのでした。

堰建設と運用を推進する建設省の意図とは裏腹に、科学的な調査結果は嘘をつきません。

地盤沈下による、汽水域、海域ともに上流側へ

山内先生は私のベンケイガニ等の発言に続いて、オーバーヘッドを使い、グラフ、図表等を示しながら、発言されました。

「ヤマトシジミは、ＫＳＴによると一九六七年には、河口から二〜三キロ地点まで高密度に分布していた。それが約三〇年後の今回、建設省の調査によると、堰のすぐ下流にまで、約三キロも上流側へ移動している。

揖斐川、木曽川でも同様の傾向が見られる。地盤沈下により、海域、汽水域とも上流側へ移動したことを物語っている。

河口堰が、ヤマトシジミの一番密度の高いところにできるので、シジミも心配であるが、汽水域の生態系が消滅する恐れがある」と語られました。

続いて粕谷先生が、建設省の調査結果を、わかりやすく、図、グラフ等に書き換え、投影しながら（建設省に代わって？）解説されました。

堰下流域の水質は層状構造になり、対流が生じる

「堰を乗り越えた（オーバーフローした）川の水は表層を海へ向かい流れる。満潮時に海水は（比重が高いので）下層を堰へ向かって押し寄せる。塩分濃度の低い表層と高い底層に分離する。表層を、酸素を多く含んだ川水が海へと向かい、下層を塩分濃度が高く、溶存酸素量の少ない海水が堰へと向かい、堰により対流が生じる。その結果比重の高い塩分が川底にへばり付くように蓄積する。するとさらに溶存酸素量が減り、底生生物は死滅する」

酸素不足の川底へ有機物が沈下しても、微生物による分解もできず、そのままヘドロとして堆積することは明らかです。

表層水、底層水に分離し、さらに生物の住めない川底です。

建設省の調査によると表層水の溶存酸素量は（容積一リットル当たり）五（ミリグラム）とのこと、この数値は生物生存に問題なく、ヤマトシジミでは四・三が限界濃度だとのこと、三

を下回ると生存は難しいとのことでした。

そして粕谷先生は、グラフで各地点、時刻ごとの溶存酸素量を示し、二とか三とか危険な数値、さらに、ヤマトシジミの生存実験結果のデータも示し、次のように発言されました。「したがって、汽水域が減少したとか、消滅したとか、そういう生易しいものではなくて、これは汽水域の破壊、死の河口というふうに言わざるを得ません」と。

DO対策船問答——莫大な税金の無駄遣い

この時、私は「DO対策船（DO船）」という言葉を初めて聞きました（建設省が出した調査報告書を精読された、粕谷先生、山内先生はご存じだったと思いますが）。

粕谷先生の「堰下流域の川底に高濃度の塩分がへばりつき、溶存酸素が激減している」との指摘に、竹村部長は「浚渫の際、部分的に深く掘り、その窪地に堆積物や塩がたまり溶存酸素が少ない部分がある。その部分を改善するためにDO対策船を投入した」と述べています。深く浚渫した一部分に矮小化し、その部分の対策としてDO対策船を建造したと言うのです。そのやりとりが、滑稽で漫才チックでもあり、悲しい役人天国の現状を呈していますので、その一部を再現します。

「……略……私どもＤＯ対策船という、まだこの日本ではそんなに大きな事例、実例が無いわけですが、河川区域でわたしども初めて、この地域のそういう局所的な深掘れ的な溶存酸素が悪くなるような状況になった時も、河川管理者としては、最大限酸素を送り込み、その様な地域の環境を守るべく努力はしたい」

これに対し粕谷先生は「……略……もしＤＯ船を頼みの綱にされるんでしたら、一体何台をどんなふうに、稼働したら、この低酸素がなくなるのか。これもきちんと実験されないと、説得力がないわけですね。……略……」。

その後、竹村部長と反対派・天野礼子氏のやりとりが、まるで漫才のように感じられました。

天野「すみません。そのＤＯ船というのは大体お幾らぐらいなんでしょうか。一台」

竹村「ここでお金を私がすっと言う、頭に入っておりませんし、それを聞かれてもここで言うことはないんじゃないかと思っております」

天野「それは一〇〇〇円ですか、一万円ですか。どういう規模ですか」

座長（椎貝）「一〇〇〇円とか一万円とか、そういう」

竹村「そういうオーダーでは」

天野「大体」

竹村「それは何千万の世界です」
天野「何千万ですか」
竹村「ちょっと私も頭に入っておりませんが、間違っていないかな。一億ちょっと超えるぐらいですか」
天野「一台がですか」
竹村「はい」
その直後、天野氏は西條先生に質問しました。「一億円もする機械一台あれば、長良川が救われるものかどうか。大海に竿挿すようなものではないか」と。
西條先生「ゲートから下の水域で全面的に酸素が無くなるというのであれば、それは全然桁違いのことで、問題にはならない」
そして「全体的な構造的な、水域の構造としての問題解決には役に立たないものだと思っております」と明快に答えられました。
ほころびを繕い、国民の目をそらすために、巨額な税金を投入していることが判明しました。幾らかかっているかもはっきりさせず、これから幾らかけるのかも明らかにしようとはしません。一台（一隻？）では足りないことは確実だと思います。

漫才では済まされません。役人の胸先三寸で、血税が浪費されている現実を見せつけられました。

先ほどの粕谷発言に対し、さまざまな意見も出ましたが、西條発言だけではなく、すべて建設省側（モニタリング委員の研究者による）の調査結果であり、科学的な反論は不可能でした。

しかし、上総河川調査官からこんな発言も飛び出しました。

「……略……何か皆さん、べたっと相当下流域はどうにもならないんだというようなことで思っておられるとすれば、局所的、一時的という言葉をよく我々使っていますけれど……後略」と。

この発言に私はイライラしました。すぐに発言を求めようと思ったのですが、粕谷先生が挙手されたので、順番を待つことにしました。

粕谷先生の発言です。

「……略……。もう一度言います。三ミリ前後、底の部分ですね、ずっと堰を閉じたが最後、もう層形成が完全になっちゃいますので、三ミリ前後ですね。悪くて二ミリを超す（下まわる）。この河川の基準でございますからね。五ミリなんてほとんど超さないという。これはかなり深刻だというふうに理解しております」

爆笑とヤジで会場騒然

この後、我慢ができなくなり、私は粕谷先生のグラフを示しながら発言しました。

「先ほど、べたあっと酸素不足があるわけじゃないとおっしゃられたんですけれども、ここで死んで、ここで死んで、ここで死んで、ここで死んで、ここで死んで、そういうことはありませんので、一度死んだら死にっぱなしである」

速記録には座長から「伊東さん」と指名されての発言とされていますが、私自身、指名されることなく、我慢ができずに不規則発言をしたと記憶しています。

時間的経過で低濃度の個所を示しながら発言したのですが、その前に「平均すれば危険ではない」という驚くべき発言もあったため我慢ができなかったのでした。

わかっていただけると思いますが、私の真意は「一個体の生物が死んで、生き返って、また死ぬということは絶対あり得ない」と言いたかったのです。

低酸素を避け得る動物には、深刻な影響はないかもしれません。しかし川底に定着する生物の死滅は避けられないと思いました。

「その通り」「そうだ」とのヤジがありました。

その後、建設省側の参加者（モニタリング委員の一人）から思わぬ反撃がありました。

「聞いておると、塩水がすべてその罪悪の根源だというような印象を受けるわけですが、海の中にもちゃんと魚が生きておるわけですから、だから、真水の中で一リットル中に九シーシーあると同様な条件の中で」

ここで、会場から激しいヤジが飛びました。

「海水には五シーシーですから、淡水と海水とではもともと　やかましい　静かにせよ」

非常に稚拙な発言です。「堰の下流では、対流の結果、川底に塩がへばりつき酸欠状態になる」と粕谷先生が指摘していることは、誰もが理解できるはずです。

笑い声が響きわたりました。ヤジで騒然となりました。

慌てた座長から、ヤジの禁止と、会場からの発言禁止が宣告されました。

その直後、速記録にも「はい、静かにしますけど、笑いますよ」と発言する者あり。と、残されています。

さらに彼は続けました。

「……略……海水がすべて酸素が、真水に比べれば約二分の一になってしまうわけでございますけれども、ただ、だからＤＯ船を使う云々という問題も、実はなぜ酸素が海水の混ざったことだけで、低下するんじゃなくて、別な原因もちゃんとあるはずでございますので、そこら辺りのところも今後十分に調査して対応していかなきゃならぬなあということでございます」と述べました。

ともかく、トンチンカンな発言に、会場から笑い声が響きました。

それでも粕谷先生は丁寧に「海が悪いと言っているわけではない。問題は常時層が形成されることだ。上層には堰を超えた真水が流れ、下層には海水が押し寄せる。酸素は空気中からしか取り込めない、地下から湧くようなことは、溶存酸素船でもない限り出来ない。層形成された下側は極端な貧しい酸素状態になるだろうと、層形成が問題だと言っているのであって、海水そのものが悪いとは一言も言っていない」と発言されました。

その後、私たちに、河口堰下流域へと目を向けさせてくれた、前回の座長（今回は不参加）の奥田節夫岡山理科大学教授から託された、層形成についてのメッセージが読み上げられました。

時間切れということで、一応、底層の酸素不足問題は、ここで終了しました。

植物性プランクトン（藻類）大発生の懸念

ここで約一〇分間の休憩をはさみ、後半の最初は、山内団長から水質の問題について、やはり建設省側の資料から「堰が運用され、流れが緩やかになると、特に、気温の高い夏場、植物性プランクトン（藻類）の大発生が懸念される」との発言がありました。

流れの淀んだダムや、湖で高温時、植物性プランクトンの大発生で、悪臭を放つなど水質汚染が深刻化することがあるからです。海では赤潮の発生で漁業に打撃を与えることは一般にも知られています。

大発生の結果、これらの生存期間の後、遺骸（有機物）が堰を超え、堰下流の対流に乗って堰直下の川底に堆積することも懸念されます。

大発生すれば堰上流ばかりではなく下流にも深刻な影響が予測されます。この時、BODやCOD、TOCの環境指標を使っての、さまざまな数値のやりとりがありましたが省略します。西條座長からの発言が気になりましたので紹介します。「これまで五年間長良川を観測してきた。この問題（植物性プランクトンの大発生）は否定できない。昨年夏は異常渇水で試験堪水を取り止めたが、この時期こそ実験を行いたかった。藻類の発生だけではなく、酸素欠乏という大問題も夏の間に実験を行わないと、堪水（堰運用）後のことは自信を持って予測することは出来ないと、五十嵐建設大臣にはっきりと申し上げた」と、さらに「モニタリング委員としての調査と、堰運用の可否とは別だ」とも発言されました。

私たち「調査団」も河口堰に反対する立場ではなく、科学的に調査、記録するのが目的で結成された集団です。西條先生も、前回座長の奥田先生も、このままでの堰運用には大きな疑問を持っておられることを感じ取りました。

モニタリング委員の先生方や、私たち「調査団」の調査結果を、包み隠さず公表し、河口堰の建設・運用を、国民に判断してもらうのが民主主義の基本ではないでしょうか。

さらに西條先生はこの水質汚濁が心配で、前年夏の（異常渇水で）堪水試験ができなかったことに関し、直接建設大臣に面会し「夏場の調査を行うため、夏の試験堪水を申し入れ、大臣も同意したと思っていた」と言われ、「私は二度も大臣に直接申し上げているのに、非常に理解に苦しんでいるということだけは申し上げておきます」と不満を述べておられました。

そして、これが建設省の結論でしょうか、竹村河川部長が発言しました。

「……略……。この行政的な課題としての河口堰の操作に関しては、すぐれて行政的な課題が多うございます。この地域の治水に対してどうなんだ。また利水に対してどうなんだ。そして、塩害に対してどうなんだ。さまざまな問題が絡まって。もちろん環境もはいってます。今日議論しておりますように。そのようなことすべて総合的に行政的に判断していくのはやはり起業者である建設省が責任を持って判断せざるを得ないであろうということは、前から実は一年間私は言い続けておりますので、今も考え方は変わっておりません。……略……」

おかしな発言だと私は思います。「建設大臣が何を言おうと、自らが委託したモニタリング委員の研究者が何を言おうと、国民が何を言おうと、作るものは作る」。

この時の建設大臣は野坂浩賢氏だったと思います。めまぐるしく建設省のトップ（建設大臣）が代わっている時代でした。建設大臣の上に建設省があり、その上に竹村氏個人が存在するように私には聞こえたのですが……。これが和製民主主義なのでしょうか。

さらに、もう一つ見逃せない竹村氏の発言がありました。

「夏の植物プランクトン発生については課題が残った」に対し、氏は「これは課題が残ったというのは、私たちの言葉ではなくて調査委員会における、調査委員会の先生方による言葉でございます。私の言葉ではございません」。

委託した調査委員会の研究者が、何を言おうと無視するということなのでしょうか。恐ろしいことです。さらにこの発言の前に、彼ははっきりと言っているのです。

「この報告書、調査委員会のブリーフィングのときにも先生方に言われて、今年のゲートを実際に操作して実測データをもとにした直接な評価ができず課題が残ったと。明確にこの調査報告またはブリーフィングでも残されておりまして、課題として残ったということは、当然私どもその課題はクリアしていかなきゃいけないというものでございまして、言葉の小さいワードを取って考え方が変わったんじゃないということは一切ないようにおねがいいたします」

短時間の間に発せられた、正反対の二つの言葉、これは何を物語るものでしょうか。

この件の締めくくりとして座長の西條先生は、「ＢＯＤもＣＯＤもＴＯＣも全部測っています。今までに例を見ないほど、実によくやられていると、私は評価しています。……これからもそれを継続していただきたいと建設省に思います」と発言されました。

何もかも建設省は知っていたのです。山内先生の発言・質問に対し、のらりくらりと時間だけ費やしていた、実りのない竹村氏の発言は、この国の行政の態度を浮き彫りにしているのではないでしょうか。

建設省・中部地方建設局が作成した、このような速記録が私の手元にあることにも、少々驚きを禁じ得ません。

ユスリカと喘息問題での粕谷発言

残り時間も少なくなったころ、やっと、私たちが前回通告しておいたユスリカの問題に入ることができました。この時、医学会では喘息の原因物質は、①ダニ②ハウスダスト③ユスリカと知られていました。ハウスダスト（部屋の埃）の大部分はダニです。すると、ユスリカは二位にランクされるはずです。そのユスリカの大発生が予測されるのですから、無視することはできません。

前述の繰り返しになるかもしれませんが、この問題について簡単に述べます。

ユスリカ喘息が知れ渡ったのは、北アフリカのスーダンでの出来事でした。

一九二五年ナイル川に、センナールダムが完成してから二年後の一九二七年に、ユスリカが大発生し、しばらくして近郊住民に喘息が多発しました。同様にアスワンダムの拡張工事が一九三五年に完了し、二年後にユスリカが大発生し、同じ経緯をたどりました。その後、患者の血中から原因物質（アレルゲン）としてユスリカが突き止められました。

ユスリカは生涯のほとんどを、川底、池底等に生育し、羽化後、空中で交尾しますが、成虫に口はなく、血を吸うこともなく、何の害も及ぼしません。

流れの速い清流域、中流域、川底に有機質の溜まった下流域、止水域の川底、水田等、環境によって、日本では一〇〇〇種以上が知られています。

調査団（粕谷先生のグループ）では、長良川の河口から三〇キロ地点まで、二年間かけて、六〇種類を確認しました。

川底からの採取、飼育、羽化、同定等々大変な作業でした。

その中に、ナイル川で大発生したクラドタニタルサスの仲間（同属）が含まれていることが判明しました。

だから河口堰による堪水域では清流性のユスリカが姿を消し、クラドタニタルサスのような止水性のユスリカが、大発生するのではと危惧したのでした。

ナイル川と同様の大発生が国内にはなかったかと調べたところ、ありました。

広島県東部を流れる芦田川河口堰でした。建設省・中国地方建設局から『芦田川河口堰ユスリカ対策云々』との調査書も出ていたのです。建設省は知っていたのです。

木曽川でも大堰（河口堰ではありません）ができてから一〇年後にユスリカが大発生したことも知っていたのでした。

それでも、建設省は、私たちの質問に「河口堰でユスリカの発生はありません」「ユスリカと喘息は関係ありません」と白を切っていたのです。

このような相手と議論を続けても虚しい限りですが、成果のない話が続き、竹村部長から「ユスリカは南極から北極まで、海の中から三〇〇〇メートルの高山まで、数千種類がいる」と教えられる（私たちはそのような事実は知ってはいましたが）ありさまでした。

魚道の効果は一〇〇パーセント・漁業補償は一三〇億円

反対派の水口先生から「河口堰の生物への影響」とのテーマで発言がありました。発言の最初は漁業への補償金についてでした。「関係機関のどこへ聞いても『答えられない』とのこと、納税者として税金の使い道が隠されていることに不信感を持つ」と、述べられた後、関係幹部の一人から（個人的に）、「岐阜県に対し一三〇億円であった」と聞かされたと補償金額を示されました。

この発言に対し、建設省側からは不快感を示す以外「正否」の発言は全くありませんでした。公式に認めたくなかったのだと思います。日本最新の魚道が機能しているのなら、全く必要のない補償金です。

岐阜県側にとって、シジミは無関係で、淡水域で捕獲されるアユ、サツキマス等回遊する魚介類に対する補償金なのですから。

そこでこの魚道を開発した学者に魚道の効果が質問されました。

その答えは「私の基本的な考えとしては、影響がないと言うと、補償はゼロに抑えるべきであるので、あらゆる努力をせねばなりませんよ、そういう立場でずっと今までやってまいりました。したがって、現在、魚道が、幾つもの種類の魚道がございますけれども、私の立場としては、来たもの、来遊魚の減少というのは別として、来たものは遡上可能であろうというふうに考えております」

「そうすると、上流への漁業への影響は余りないと考えてよろしいですか」

「はい。私はそう思っております」

何のための一三〇億円であったのか全く理解できません。

アユの魚道遡上状況を取材した某放送局のカメラマンは、後日、私に話しました。

「海からの稚アユの群は、河口堰直前で左へ進路を変え、揖斐川を上流へ向かった」と。

「そして、少数の魚道へ来たものは、ほぼ全部登った」と、これが一〇〇パーセントの実態です。

次へ話題が移ります。

水口氏は、河口堰により小卵形のカジカ等、回遊性の魚種について激減していること、その中にスミウキゴリも含まれ、この魚の命名者は天皇であることを念押しされました。

アユの「釣り堀化」・海産アユの種苗放流

長良川のアユには伊勢湾で孵化し、上流域まで遡上する天然のアユと、琵琶湖産の放流アユの二系統があり、遺伝的にお互いに交雑しない別種とされています。

だから河口堰で問題視されていたのは、天然アユのほうです。

世界最新魚道の主な目的は、この天然アユの、海と河川上流への回遊の通路が目的であったはずです。

ところが世界最新魚道の開発者は次のような発言をしました。

「昭和の初期からアユの種苗生産をやられておりますけれども、成功例がなかったわけでございますけれども、私どものところで淡海水循環濾過方式ということで、立派な海産アユを生産できるようになっております……略……」

海産アユの種苗を放流して、友釣りに供するのであれば、「釣り堀ではないか」との発言もありました。種苗アユの放流では、自然交配し川と海を回遊する天然アユとは言えません。

さらに、この種苗生産に成功した学者は続けました。

「……略……長良川河口堰の魚道をごらんくださると、他に類を見ないくらいの魚道ができ上がっているという自信を持っております。先ほど、水口先生からの御指摘には、水産魚種を対象にしてのみ考えるというのは、もう古い古い考えでございまして、当然のことながら、多魚種利用可能な魚道開発ということは充分頭の中に入れておく必要があると思います……略……」

世界最新の魚道にしろ、海産アユの種苗生産にしろ、河口堰が自然生態系破壊であるとの批判をかわす、うわべの対応策であること見せつけています。

そして水口先生はこう締めくくられました。

「……略……アユを人工でつくって入れ、毎年釣っては入れていくわけです。これは完全に釣り堀と同じなんですね。ですから、今大きな問題は、長良川を自然のアユが上り下りする川から釣り堀にするかということなんです」

魚の問題だけでも、一三〇億円余と噂される漁業補償以外にも多額の魚道開発費、種苗アユ生産施設の開発費（税金）が注がれていることは想像に難くはありません。

水口先生はこれらの総額も明示されないことに、納税者として納得ができないと締めくくられました。

最後に、天野礼子氏が、この場に出席している推進派地元行政関係者は、かつて反対派のリーダーであり、当時彼が書いた堰建設に反対する文章を読み上げようとして、座長に制止され、座長より閉会が宣言され、幕となったのでした。

「長良川下流域生物相調査団」の存続と調査活動続行

「長良川下流域生物相調査団」として、円卓会議に参加したのは三名でしたが、その他、中心メンバーのほとんどが傍聴と応援に会場へ詰め掛けており、終了後、「調査団」の存続と、調査活動の続行を決定しました。

「決定」と書きましたが、これが「調査団」の姿です。前にも烏合の衆と書きましたが、全体会議など開いたこともない集団です。

この日、それぞれの班の責任者は、ほぼ揃っていました。

「調査団」は、河口堰が完成する前に、自然河川・長良川の姿を記録にとどめることを目的に設立されたグループです。

すでに河口堰は竣工し、七月には本格的運用が決まっています。

『長良川下流域生物相調査報告書』の刊行で、役割は終わったはずでした。

円卓会議終了後、自分たちが『報告書』に書いた「堰運用後の科学的推測の正しさを見守る責務がある」「円卓会議での発言・主張にも責任を持たねばならぬ」等の意見が一致し、今後一〇年間、調査活動の続行が決まりました。

しかし、この瞬間から「調査団」の性格・調査目的が一変したのでした。

もはや、長良川が自然河川ではなくなってしまったのですから、堰の影響、堰による変貌を調査し、記録する、不本意で淋しい調査団に変貌せざるを得ませんでした。

第三章　河口堰稼働後の長良川

長良川の様相は一変しました。ゴカイやイトメの穴を探した干潟はありません。カニを観察した河川敷もありません。すべて水の底に没してしまいました。水を満々と湛えたダム湖の様相です。

堤防はコンクリートで固められ、緑の植生も姿を消しました。

川の様相が変われば、私たち「調査団」の活動スタイルも変わらざるを得ませんでした。

円卓会議で気づかされた、堰下流域の底層、そして堰上流域では堪水域での流速の低下に注目しました。

「長良川研究フォーラム」の開催

長良川河口堰は、堰建設の計画段階から、全国的に注目された大規模な公共工事です。大規模な自然破壊、環境破壊が懸念されていました。

私たちだけではなく、多くの研究者がそれぞれの目的で、例えば日本自然保護協会、日本野鳥の会のような大きな組織から、若手漁師さんの研究グループ・桑名と長良川河口堰を考える会によるシジミの調査。その他サツキマス、水質等々の調査・研究が行われていました。

これら調査・研究成果をまとめ、多くの人々に公開すべきと考え、「長良川研究フォーラム」の開催を計画し、実施しました。

第一回　一九九五年　九月　二日　岐阜市民会館
第二回　一九九六年一一月一〇日　河口堰の地元　三重県桑名市民会館
第三回　一九九七年一一月　三日　長良川上流域　岐阜県郡上八幡総合センター
第四回　一九九八年一一月二二日　岐阜市長良川国際会議場

第一回長良川研究フォーラム開催の朝でした。私は山内先生から「今日の座長は岐阜大学の古屋《こや》康則先生にお願いした」との連絡を受けました。その時は「とてもありがたい」と返事をしましたが、驚いたのは座長席に着かれた古屋先生の第一声でした。

「長良川下流域生物相調査団の古屋康則です」と自己紹介されたことでした。

この瞬間まで私は、古屋先生（当時助教授、後教授）が「調査団」に加わっておられることを、全く知りませんでした。これこそが「調査団」の実態を如実に物語っています。

私たち「調査団」は河口堰に反対する団体ではありませんでした。

しかし、私たちの調査結果はすべて堰建設、稼働の危険性を指摘するものばかりで、そのほとんどが、マスコミによって報道され、行政関係者や推進派から「調査団は反対派」「お上（行政）に盾つく不逞の輩」との烙印が押されていました。

私も、高校教師として、お仕着せの「岐阜県高等学校生物教育研究会」という、教科別のグループに所属させられていました。このグループに所属する他校の教員から、岐阜県教育委員会の意向として「調査団から誘いがあっても、協力しないよう」言われたと、教えられました。私自身、真偽を確かめたことはありませんでしたが、肌でそのような空気を感じていました。

国立・岐阜大学へ赴任したばかりの古屋先生が、多くのマスコミ関係者も詰めかける中、宣言されたことに感動を覚えました。調査団にとっても魚類学者の参加は以降の調査に大きな力となりました。

フォーラム　四回で打ち止め

第四回の『資料集』から、私の報告「長良川から姿を消すベンケイガニ」の冒頭部を再録します。

「この報告は、昨年一一月三日開催の第三回フォーラムでの結論『堰稼働前に漂着した稚ガニの寿命が尽きれば、堰上流域からの、このカニの絶滅は予測に難くない』から、一歩も踏み出すものではなく、発表者自身、何の新鮮味も感じることができない」

このように、誰の目にも環境悪化の進行は明らかでしたが、毎年フォーラムを開催する積極的な意義も見出せず、五回目以降は、新たな知見が表れるまで、いったん中止としました。(その後、開催されたことはありません)。

河口堰問題とは直接関係はありませんが、西條八束《やつか》先生と、親しくお話できたことが、印象深く、忘れられない思い出となりました。

ご本人は日本を代表する陸水学（川、湖等、海以外の水域）の専門家として高名ですが、「かあさん　おかたを　たたきましょ　たんとん　たんとん　たんとんたん」「うたをわすれたカナリヤは……」と幼少期、口ずさんだ童謡作家、西條八十《やそ》氏のご長男です。

八束先生は、建設省が人選したモニタリング委員として、円卓会議にも参加しておられましたが、長良川に関わりを持った科学者としての良心から、私たちのフォーラムにも参加され、堰下流の生態系が壊滅の危機にあることを具体的に指摘されました。

会議終了後、アルコールの席の仲間に入ってもらい、自然科学についてさまざま有意義なお話を伺い、最後には「う～たをわすれた　カナリヤは～」と声を合わせたことを懐かしく思い出します。

その西條八束先生も、今はこの世にはおられません。

河口堰稼働後の調査団

河口堰の稼働で、これまでの主な観察・調査地の景観は一変しました。

堰で流れが堰き止められ、約四〇キロ地点までの河川敷が水底になり、干潟も消滅しました。魚もこれまでのような、岸からや、浅瀬に入っての、たも網では捕獲できません。

イトメやゴカイの穴も見ることはありません。

私がベンケイガニを観察し続けた一八キロ地点も水の底です。

ヨシ原も多くは水没しました。

景観だけではなく、調査対象も調査方法も一変しました。

河口堰による流下仔魚（アユ）への影響

長良川と言えば鵜飼。鵜飼と言えばアユ。全国的に知れ渡った岐阜市のシンボルです。

魚類班の足立孝さんは、かねがね「堰で流速が落ちると、アユの仔魚が餓死してしまう」と長良川から、天然アユの絶滅を危惧していました。

彼は「アユは岐阜市近辺で産卵する」「孵化した仔魚は、流れに身を任せ海域に達するまで餌を摂らない」「この餌を摂らない絶食期間は、長くても一週間が限度で、それを超えると餓死する」と言います。

「堪水域の上限（三五キロ地点）から、河口堰まで流れ下るのにどのくらいの時間を要するか」に話題が移った時、「流れが滞った、堪水域の上限へ空気の入ったペットボトルを投げ入れ、河口堰到達まで追いかけよう」との、ほとんど実行不可能な意見まで出る始末でした。

こんな時、魚類学者・古屋康則先生の参加で、科学的に流下仔魚への影響調査に着手することができました。

長良川のアユは、岐阜市近郊で、一〇月から一一月ごろ、流れの速い川の瀬で、石や砂粒に卵を産み付けます。

産卵された卵は二週間程度で孵化し、仔魚は流れに身を任せ海域へと下り、ここで初めてプランクトン等の餌を口にします。

それまでは、自ら身につけた卵黄嚢からのエネルギーで体力を維持し、餌は摂りません。

孵化後、五日以内に、プランクトンが豊富な、汽水域や海域に到達するのが理想だとされています。

親アユが流れの緩やかな渕ではなく、瀬に卵を産み付けるのは、孵化した仔魚が早く海域へ到達できるようにとの親心（本能）だと思います。

仔アユの流下速度低下確認

古屋先生のグループは、一九九九年一一月、長良川における最下流の産卵場から、仔アユが河口へ向かって流下する日数を測定しました。

方法は、仔魚の頭部後方にある、耳石と呼ばれる小さな骨組織に、毎日刻まれる日周輪を顕微鏡で測定し、日齢（孵化してからの日数）を調べるのです。

各地点で採取した仔アユの日齢の平均値から、流下速度を推定したのです。

長良川における最下流の産卵場・四二キロ地点（穂積大橋付近）から、河口堰直上まで流下するのに、一四日以上も要することがわかりました。

隣接する揖斐川でも、同様調査を行いましたが三日余で河口へ到達しており、河口堰によって形成された堪水域の影響で、仔アユの流下が妨げられていることは間違いのない事実であることを確信しました。

孵化後、一四日も経過した仔アユが採取されたことにも注目です。

私はそれまで長良川の天然アユは孵化後、三～四日で河口まで流され、海域に達し、そこで初めて採餌するものと思っていました。

遊泳能力に乏しい仔アユは、激しい流れに身を委ねての採餌はほとんど不可能です。流下中に卵黄嚢からのエネルギーで体力・遊泳力を獲得したころ、流れが緩やかで、プランクトンの多い河口へ達し、採餌を始めるのだと、思っていました。

しかし古屋先生のプランクトンネットに、堰上流で日齢一四日の仔アユが採取されたのです。

卵黄嚢は完全に吸収されており、採餌している様子です。

堰により、流れが堰き止められた堪水域です。乏しい遊泳力でも、流れの穏やかなここで、餌を摂り、生き延びたとしか考ええられません。

プランクトンについては別項で書きますが、堰上流ではプランクトンが激減しました。ほとんど常時水の淀んだ、一八キロ地点にまで辿りついた仔アユの栄養を賄うことは不可能です。

日齢一四日の仔アユは餌の少ない環境で生き延びた「選ばれた個体」だったと思います。

流下仔アユの死亡激増

古屋グループでは、堪水域でのポイントごとに、濾水計を付けたプランクトンネットを低速、等速の船で一定時間、下流から上流へと挽き、生存仔アユの密度を調べました。

ご存じのことだとは思いますが、濾水計とは、プランクトンネットに入った水の全量を計測する仕組みの道具です。これで仔アユの密度が算定できます。

その結果、一八キロ地点から一〇キロ地点の八キロの間での減耗率（死亡率）が八〇パーセントとの結果が出ました。

流れの淀んだこの区間で八〇パーセントの仔アユが死滅することを物語っていました。

なお、この調査区間は川幅もほぼ一定でほかから流入する河川もなく、ほぼ一定の環境と考えられます。

さらに、六〜七キロ地点での採取した流下仔魚数は二〇〇五年には、一九九五年の二〇分の一に激減していました。

「流下仔魚が減れば、遡上して親になるアユも減る、産卵数も減れば、流下仔魚も減る」がこの間、繰り返されていたものと思われます。

漁獲量の統計にも、この傾向が如実に現れています。

世界最新の魚道に設置されたモニタリング（監視・観察）装置でも、同じ傾向を記録しています。

河口堰稼働後の一〇年間、ほぼ一貫して減少傾向にあり、二〇〇五年が過去最低を記録しています。

しかし、アユはサケのような母川回帰の本能は持ち合わせないと言われています。長良川だけで断定するのではなく、他の要因も考慮する必要があるのかもしれません。

小型化する長良川のアユ

体力のある大型の雌は秋の初め、まだ残暑がある間に、小さな卵をたくさん産みます。それに対し小さな雌は、晩秋に数の少ない大きな卵を産みます。仔魚が育つ条件のよい時期にたくさんの卵を産み、その中から強い（条件に適した）子を残そうとする体力のある親。自分の体力で精一杯卵黄を蓄えた大きな卵を産み、確実に子孫を残そうとする親。共に生物として、自然の摂理にかなった、産卵法だと思います。

小さく育った（栄養状態の乏しい）雌は、体内で卵黄の多い卵を成熟させるのに時間がかかり、産卵期が遅れるのでしょう。

さて、河口堰により湛水域が上流にまで広がり、孵化した仔魚が河口から海域にまで流れつくのに時間がかかるようになりました。大きな親から生まれた仔魚は高温のため代謝も活発で、河口へ流れつく前に卵黄を使い果たし、餓死する可能性が大です。気温が低くなってから生まれた仔魚は代謝が穏やかなうえ、卵黄も母親からたくさんもらっています。餓死することなく、河口へ辿りつく可能性も高まります。

もともと体力の乏しい親から生まれた仔魚です。たくさんの卵黄をもらったとはいえ、流れの緩やかな長旅で、卵黄からのエネルギーもほとんど使い果たしています。

体力を消耗した仔魚は、海域での生活でも大きくはなれません。遡上して川へ戻ってからも、卵黄の大きな卵を成熟させるのに時間がかかります。

このように、河口堰が稼働してから、アユの産卵時期、海からの遡上時期も以前に比べ、遅れが目立ち、体型も小型化が目立つようになりました。

体型の小型化、漁獲量の減少に対し、漁業協同組合による人工授精、仔魚の放流事業が始まり、二〇〇七年には五〇〇〇万匹、二〇〇八年には三〇〇〇万匹、二〇〇九年には六〇〇〇万匹が放流され、漁獲高も格段に向上しています。

長良川から、天然の回遊性アユは姿を消し去るのでしょうか。

堰上流では魚類多様性の激減

古屋グループではアユ以外の魚種についても、地引網を使い調査し、これまでの予測の正しさを確認しました。

二〇一〇年、長良川と隣接する揖斐川で調査した結果、河口堰上流の長良川では一六種、河口からほぼ同距離の揖斐川から二二種、明らかに違いを見せていました。

河口堰の機能・構造から当然の結果ではありますが、堰上流から汽水性の魚類は見つかりませんでした。堰下流からは揖斐川より少し多めの二九種が捕獲されました。

ともかく、堰上流では魚類の多様性が著しく減少していることが判明しました。

予測外れ、ユスリカの大発生は空振り――ユスリカも棲めない川底

過日（二〇一三年二月）夜、テレビ時代劇で、「カッツ　カッツ　カッ」とかすかな音が聞こえてきました。夏の夜を表現する音でしたが、この番組を見た何人の方が理解できたのでしょうか。ヨタカという鳥の鳴き声です。

私にとっては懐かしい鳴き声でしたが、何年前までこの声を耳にしたのか記憶が定かではありません。

現在ではほとんど聞くことのない、夏のこの時期、ユスリカを主食にするヨタカの鳴き声であり、蚊柱とともに夏の風物詩でした。

粕谷先生が「河口堰ができるとユスリカが大発生する」と警告された時、驚いたと前に書き

ました。ユスリカは、蚊の仲間ですが、成虫は血を吸うことはありません。その幼虫は、水の中で生育し、清流から、沼、沿岸まで幅広く分布し、日本では一〇〇〇種ほどが確認されています。

かつては、水田で大発生し、空中での生殖行為が蚊柱《かばしら》として知られ、ヨタカの餌になっていたのですが、昭和三十年代に農薬の普及で蚊柱は消え、ヨタカの声も聞こえなくなってしまいました。

かつてのユスリカは生殖行為が終わると生涯を終え、直ちにバクテリアに分解され、喘息の原因物質になろうとは、想像もできませんでした。

当時の農村には（農村だけではありませんが）道路のほとんどは舗装されておらず、すべての地面はむき出しで、バクテリアの住処でした。

時代が移り、環境も変わった現在では、このユスリカ（の死骸粉末）が、ダニに続いて、喘息の原因物質（アレルゲン）の、第二位にのし上がっているのでした。

河口堰完成前、粕谷グループの調査により、長良川では、清流性から止水性のユスリカまで、五五種が確認され、スーダンのナイル川に建設されたダム湖で大発生し、流域住民を喘息で悩ませたユスリカ・クラドタニタルサスの仲間（同属）が含まれていたため、私たちは河口堰でも喘息患者の多発を危惧し、建設省に善処を要望していました。堰が完成し、稼働後の一九九八年まで、粕谷先生の警告通り、種類も量も劇的な増加を確認しました。

ところが、二〇〇二年から減少をはじめ、「大発生はあり得ません」との建設省見解と同様の結果を迎えたのでした。

原因は、川底の汚染でした。堰上流では、ユスリカにとって死の川底になっていたのです。これほどの汚染は、私たちにとっても、想定外の出来事でした。

粕谷論文の一部を転載します。

「長良川河口堰で形成された堪水域には浮遊物が少ないことが知られている。流速の減少で、細かい粒子も時間をかけて沈降し、河床に堆積するからである。さらに、河床には細かい粒子に付着したビスフェノールA、アルキルフェノールなどの環境ホルモンが高濃度で検出できることも報告した。これらホルモン様作用を持つフェノール化合物は、水生、底生動物に有害な影響を与えることが明確になってきた。環境ホルモンがユスリカにも大きな影響を与えることが証明されていることから……」と、環境ホルモンの川底への蓄積が想定外の結果を生んだようです。今後も見守らなくてはと思います。

マシジミも予想外の激減

映画やテレビの時代劇で「シジミーッ　シジミー」と天秤棒を肩に、声を張り上げるシジミ売りの姿を目にすることがあります。

シジミは古くから、私たちになじみ深い味覚の一つでした。

そんなシジミに二種類あることをご存じだったでしょうか。恥ずかしい話ですが、私は、長良川の調査に携わるまで全く考えたこともありませんでした。調査団に加わり、初めて知りました。

汽水域に棲息するヤマトシジミと淡水域に棲むマシジミの二種類です（正確には、琵琶湖に棲息するセタシジミも加え、三種類です）。

ヤマトシジミは雌雄異体で卵性であるのに対し、マシジミは雌雄同体で卵胎生（母体内で卵を孵化させ幼生を産出）です。

長良川の下流域ではシジミ漁が盛んで、河口堰建設に対し、最後の最後まで反対の姿勢を崩さなかったのが、三重県の赤須賀漁協等、河口部でヤマトシジミを主な収入源としていた三つの漁業組合でした。

シジミ漁の代償としての保証金ですから、当然ヤマトシジミの激減は誰の目にも明らかでしたが、堰上流域では淡水性のマシジミが増えるのではないかとも予測していました。

堰運用直後には確かに、ヤマトシジミに代わりマシジミの増殖が確認されたのですが、三年後には、堰上流二〇キロ地点まで約一五キロもの空白地帯が出現しました。

二五キロより上流域では、マシジミの生息が確認できました。

予測していたユスリカの大発生もなく、マシジミも姿を消してしまったのでした。

この調査も、粕谷先生を中心に丹念に川底を調査し、判明しました。

オオシロカゲロウの集団発生

底生動物班の千藤克彦さんは、河口堰運用により、清流の堪水化、水質の有機汚濁等から、これまで長良川ではほとんど知られていなかった、オオシロカゲロウの集団発生を危惧していました。

オオシロカゲロウは日本では最も大きなカゲロウの一種です。

千藤さんは、すでに一九九〇年八月に長良川の四二・五キロ地点で幼虫の採集に成功していましたが、成虫の目撃情報はほとんどありませんでした。

しかし、隣接する木曽川では、木曽川大堰の上流・堪水域で大発生し、木曽川橋、尾濃大橋、濃尾大橋の街灯に群れ集まり、命を終えたその死骸が街灯下の道端に蓄積し、その油成分による自動車のスリップ事故が心配されたことがありました。

この木曽川大堰は、河口から二六キロ上流に建設された取水用の堰で、河口堰ではありません。

千藤さんは、長良川でも一九九九年九月には幼虫が羽化する様子を確認し、東海大橋（二二・六キロ地点）の街灯に夜間群飛する様子を確認し、撮影にも成功しました。

その後、経年とともに発生地は下流へと広がり二〇〇九年には長良大橋（十三・六キロ地点）でも街灯群飛の翌朝には死骸が積もっていました。

この死骸粉末によるアレルギーは心配ないのでしょうか。

自動車のスリップ事故も心配です。

これも河口堰による大きな影響の一つです。

止水性ユスリカとオオシロカゲロウの生育場所

予測された止水性ユスリカの発生が少なかった事実と、逆にオオシロカゲロウの大発生、この相反する事実は、これら二種の棲息環境の違いと、環境ホルモンへの耐性の違いだと判断されます。

農薬によって姿を消す前の昔、私が蚊柱として懐かしく思い出す、止水性ユスリカの幼虫は、田圃の泥のような、粒子の細かい底質を好みます。

千藤さんによると、オオシロカゲロウの幼虫は、砂で埋まった礫《れき》（小さな岩片）の側面にU字形の巣を作ります。

河口堰により流れが堰き止められ、流速が落ちると、上流から流された砂泥は、重量によって上流から順次川底に堆積します。重いものから順番に沈みます。

河口堰直上流には軽くて粒子の細かい砂が堆積します。

この小さい砂粒に環境ホルモンが付着していたのです。

止水性ユスリカとオオシロカゲロウは棲む場所が微妙に違うものと考えられます。

粕谷先生によると、長良川で検出された環境ホルモンは、サケ、アミ、ユスリカの幼虫に有害な影響を与えることが明らかになっています。

堰直上流域は環境ホルモンの蓄積場所

環境ホルモンという名の物質があるわけではありません。生物のホルモン系統を攪乱し、正常な生育を阻害する化学物質を言います。

特に、今回はビスフェノールＡ（ＢＰＡ）等フェノール類が、河口堰付近と三四キロ地点で高濃度検出されました。

三四キロ地点は岐阜市からの都市河川・境川との合流点で、下水処理水が放流されており、都市排水が原因と考えられます。

ＢＰＡ以外にも八種類のフェノール類が検出されました。

缶詰の空き缶やプラスチックの原料や農薬等さまざまな化学物質が、水中に浮遊する粒子の細かい砂粒・懸濁物質の表面に付着します。

砂粒などは粒子が細かければ細かいほど、フェノール類が付着する表面積が大きくなります（余談ではありますが、豆腐を思い出してください。包丁で半分に切ると、全体の容積は変わりませんが、包丁が入った面・すなわち表面積が増えます。細かく切れば切るほど容積は小さくなり、表面積は増えます）。

粒子が細かい砂粒ほど、高濃度の環境ホルモンが付着することになります。

オオシロカゲロウが好む礫の多い地点より下流へ小さな砂粒や有機物が流され、高濃度の環境ホルモンを付着させ、川底に堆積したものと考えられます。

河口堰ができる前は、これら化学物質は流れに乗って時間の経過とともにバクテリア等によって分解されていました。

流れが堰き止められた現在、分解される前に、河口堰付近で溶存酸素の少ない底層に蓄積されており、さらに今後、蓄積量が増えるのではないかと懸念されます。

もっとも、そのおかげで（？）ユスリカ喘息を免れることができたのですが……。

深刻な河口堰下流域――酸素不足の川底とヘドロ・有害物質の集積場

前項で、環境ホルモンの蓄積場所として堰直上流域とは書かず、河口堰付近とあいまいな表現を使いました。堰上流だけではなく、堰直下流域も含めたかったからです。

河口堰下流域に目を向けさせたのは、一九九五年三月の円卓会議からでしたが、それ以前からも、堰下流域の川底の観察は行っていました。

私たちが、塩水遡上やプランクトン採集時に利用していた釣り船屋は、河口堰下流域の桑名町の「おおぜき」という名の店でした。

塩水楔の調査にはこの店で、船とともに魚群探知機を借りていました。

河口堰完成前年、一九九四年ころから、下流域の川底の形状も気になり、観察していました。浚渫（土砂を取り除く）、未浚渫の箇所等、凹凸が激しく見られました。


一九九五年三月の円卓会議の直後から、粕谷先生と山内団長は、この年の一月に建設省中部地方建設局が発行した『長良川河口堰調査中間報告書』を丹念に精読されました。とても分厚く、数値や図表、グラフがぎっしり詰まった、素人にはとても難解な冊子です。さらに大塚之稔さんと私の写真を盗用した例の冊子です。

被害者として私自身は、信じるに足りる代物とは思えず、目も通しませんでした。

ところが、その内容には、これまでの建設省の態度とは異なり、調査を行った一部の（モニタリング委員）学者による真摯な論文が含まれていました。

特に注目されたのが、堰下流域での水流とそれによる淡水と塩水の層状構造、そして川底の酸素不足の予測でした。

これらの論文を粕谷先生が概念図化され、この粕谷概念図がそのまま今日の河口堰下流域の状況を物語っています。この粕谷概念図を見ながら、次を読んでください。上流からの河川水・酸素を含んだ淡水が、堰の上を乗り越え（溢流し）、下流へ流れ落ちます。落下した川の水は淡水であるため、比重の違いから直ちに、下の塩水と混ざり合うことなく下流へ、海のほうへ流れます。

酸素は空気から水中へ溶け込むのですから、当然この表層水には多くの酸素が含まれています。

一方、海からは潮汐によって塩水が堰へ押し寄せます。ここで対流が起こります。

表層を流れ下った川水に混ざっていた有機物、粒の細かい砂等は徐々に沈み、塩水とともに対流に乗って、堰へ押し寄せます。堰近くで川底にヘドロが堆積します。

小さな砂粒の表面に付着した環境ホルモンも、ここに蓄

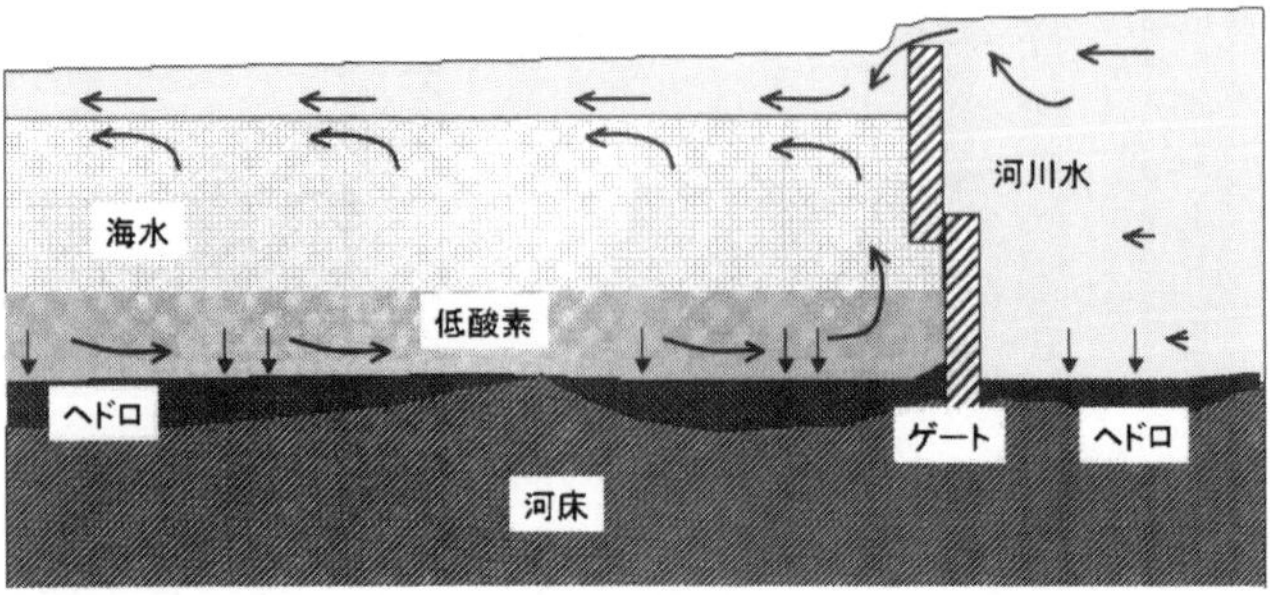

粕谷概念図　河口堰によって引き起こされる水流の変化と低酸素層、ヘドロの形成

積します。

ここで堆積した有機物の一部は、微生物によって分解されますが、やがてその微生物が少ない酸素を使い果たし、溶存酸素が激減し、低酸素・無酸素状態の川底となります。

このように、堰下流域では、「酸素を含みほとんど塩分を含まない表層水」「その下を逆流する海水」「酸素をほとんど含まず、ヘドロ、環境ホルモンが蓄積した死の川底」の層状構造が出来上がる懸念を示しています。

一方、環境に対する配慮も見られます。この河口堰は、可動式と呼ばれています。

もう一度、概念図を見てください。堰門が、上部と下部に分かれています。

私たちが心配した一つに、溢流仔魚の問題がありました。

それは、大潮の干潮時に、堰下流の水面と堰頂部との落差が大きく、溢流仔魚に対する落下時の激しい衝撃でした。

この問題に配慮して、潮の満ち引きによる海面の上下移動に合わせて、上部の堰門が上下にスライドする仕組みになっています。

もう一つは下部の水門です。上流から洪水が押し寄せた場合、下部の水門を引き上げ、下流へと流す仕組みです。これが唯一の洪水対策のようです。

堰運用二年後、一九九七年には、浚渫も完了し、川底が平坦で平滑化していることを確認しました。

浚渫業者の丁寧な仕事ぶりを見せていました。

しかし、概念図通り、泥の堆積が堰直下から始まっていました。

この河床上昇は時間とともに進行し、一九九九年には二メートル以上の堆積を見せました。

そして、同年九月、上流一帯での豪雨の影響で、大出水（墨俣観測所：河口より三九・四キロで一秒間に五九〇〇立方メートルの流量を観測）があり、（概念図を見てください）堰の下側の扉を開け、濁流とともに、堰直下の堆積物も流されたのかもしれない、とも考えました。

この直後、堰下流、川底表層の性情を調べたところ、上流から流されたと思われる砂質が多く、環境はかなり改善されていたと思われました。

「改善」との言葉は、溶存酸素のほとんどないヘドロに対し、砂質には酸素が含まれているからです（調査方法は酸化還元電位の測定です。酸化還元電位が増加しており、洪水前の高濃度の塩分がへばりついた酸素の少ない有機物質から酸素の多い砂質に代わっておりました）。

次の課題は、これ以前から堆積していた底泥が洗い流され、上流からの砂質に置き換わったものか、それとも、これまでの底泥の上に砂が積み重なったにすぎないものなのかを確かめることでした。
これまで、水深のある川底の性情を調べたり、川底の生物を採集したりするのに、川底の泥を採取する機材・採泥器（エクマン・バージ採泥器）を橋の上や船上から操作し、使ってきました。この機材では、一五センチ四方、深さも一五センチの泥を採取できますが、二メートルも堆積した川底の性情を調べるのには適していません、
酸素ボンベを身体につけ、川底へ潜っての調査も試みましたが、結果は思うようには出来ませんでした。

足立孝さん手作りのコアサンプラー

前にも触れましたが、足立孝さんは建築家（一級建築士）です。建物を建てる前に、その場所の地質標本を取り出し、深部の性情を調べることもあるそうです。

私たちが興味を持った、川底の堆積物調査と変わりはありません。

この器材（コアサンプラー）をカタログ等で調べました。

高価で私たちに購入できる代物ではありませんでした。

値段もさることながら、問題はその重量でした。市販品は建築予定地、すなわち陸上で使用する機材です。

私たちが使う、小さな船での操作は絶対に不可能です。

彼は軽量化を考え、何度も試作を繰り返しました。

塩化ビニル製で、そして二メートル以上のサンプル（標本）を取り出す器具を完成させました。彼はピストン式コアサンプラーと名付けました。足立さん個人の出費は、普通のサラリーマン三か月分の給与を上回ったとのことでした。

これも「調査団」の実態でした。誰もが、それぞれ個人の熱意によるポケットマネーで活動が継続されていました。

粕谷概念図を一〇年後に証明

足立さん手作りの器材で、直径六・五センチ、円柱状の堆積物を二メートルまで採取することができました。この標本をコアサンプルと呼びます。採取した堆積物・コアサンプルに、明らかな層状構造が認められました。

これを冷凍保存した後、一〇センチきざみで、粒子の大きさ、含水率、強熱減量（含まれる有機物の割合）を調べました。洪水時、下部の堰門を開けた際、激しい水流によって上流から流されてきたものか、堰門閉鎖時に対流に乗って遡り堆積したものなのかが判断できるはずです。粒の大きい砂は上流から、粒の小さなシルト・粘土は下流からと考えたからです。

一九九九年の大出水後、堰より下流九〇〇メートル地点で採取したコアサンプルを分析した結果、これまでに堆積し、圧密化したヘドロ（シルトや粘土と有機物を多く含んだ泥）の上に、上流からの砂がかぶさったにすぎないことがわかりました。

先ほど、「環境改善」と書きましたが、またこの上に酸素の少ないヘドロが堆積することは明らかで、一時的な環境改善にすぎないようです。この一時的な環境改善では底生生物の復活は期待できません。

二〇〇五年、堰下流各地点で堆積物を採取し分析すると、ほぼ各地点の川底表面から、一〇センチから二〇センチの厚さで砂質の層が見られ、それより深いところでは、シルト・粘土の層が、それよりさらに深いところでは砂の層、そしてシルト・粘土層と続きました。

前年の二〇〇四年一〇月に大出水がありました。毎秒八〇〇〇立方メートルもの流量が記録されています。この大出水で下部の堰門が開放されましたが、川底にへばりつくヘドロは流されないで、その上に上流からの砂質が層を作ったものと思われます。

三キロ地点では、一三〇センチから一四〇センチの深さに砂質層があり、この直上のシルト・粘土層の間にヤマトシジミの死貝が含まれており、この砂質層が河口堰運用前の河床であったことが推測されました。

河口堰運用により約一〇年で、堰より二キロも離れた下流の三キロ地点まで、一メートル以上もの堆積があったことがわかります（礫、砂、シルト、粘土は粒子の直径で決められた名称です。ちなみに、礫は直径二ミリ以上の粒子を、粘土は直径〇・〇〇三九ミリ以下の粒子を言います）。

合流後も揖斐、長良両河川の底質差違甚大

この時、堆積物とともに、そこに棲息する底生動物についても調査しました、方法は（エクマンバージ型）採泥器で一地点当たり五回、底土を採取し、一ミリ四方の篩でそれより粒子の細かい泥を洗い流して採集し、同定しました。

この地域はかつてヤマトシジミの漁場であったところです。

写真１　山内先生が記録された、河口堰上流約 1km 地点、長良川右岸におけるヨシ（アシ）原の衰退の推移。３年間でアシ原が消えてしまっています。

写真２　河口堰稼働前のアシ原（6.2 キロ地点）。建設省に盗用された写真。

写真３　１５年後の同一地点、ただし左横の植物を取り込もうと、カメラを少々左へ振りました。

写真４　写真３の植物群落に接近して撮影。旧建設省はアシ原を回復したと言っていましたが、生い茂るのは、オギとヤナギのみでアシは見当たりません。

写真５　河口堰中央から下流を眺めました。右側は揖斐川です。左側は長良川、アシ原どころか植物の痕跡も見えません。

ここにもアシ原を回復すると、旧建設省は強調していました。写真４とともに、血税を注ぎ込んだ結果です。

シジミはほとんど採集できず、ヤマトスピオゴカイなど泥地を好み、低酸素でも棲息できる環形動物・ゴカイの仲間が九種、そのほか八種類の底生動物が確認できましたが、かつての漁場の面影はありませんでした。

河口堰の下流で、長良川と合流する揖斐川では五キロ地点、三キロ地点ともに、ヤマトシジミが多数採集され、ゴカイの仲間はほとんど採集できませんでした。

合流し、一つの川に見えますが、川底では大きな違いを見せていました。

アシ原の衰退・消滅

写真1から5を見ていただければ一目瞭然です。

調査団の解散——『長良川下流域生物相調査報告書二〇一〇 河口堰運用一五年後の長良川』刊行

これまで通い続けた調査地へ、足を向けるのも億劫になってきました。何の新鮮味もありません。調査に参加していた人々の心に「中立」の二文字が重くのしかかってきました。

「科学的に調査し記載する」のが目的で「河口堰建設に賛成も反対もしない」との調査団とし

ての性格に縛られていることに、人間としての良心が許せなくなりました。

誰の心にも「悪の建造物」との共通の認識が宿るようになりました。

河口堰に反対することこそが本物の「中立」だと確信しました。

思想信条の自由は、憲法にも保障されています。

憲法を守り、各自の自由な発言、活動を保証するため調査団の「解散」を決意しました。

その前にと、調査団としての報告書を刊行しました。

二〇一〇年六月一日のことでした。

その内容は、これまで述べたことと変わりはありません。

この最後の報告書をまとめる直前、岐阜大学地域学部に赴任された魚類学者・向井貴彦先生（准教授）が献身的に調査にも加わり、ほとんど一人で報告書の編纂に携わられました。

また向井先生のご尽力で、この報告書はインターネットからも閲覧できるようにしていただきました。ご覧いただけましたら幸いです。「長良川生物相調査報告書二〇一〇」で検索してください。

事務局長の仕事を代行していただき、心から感謝しています。

なお、この報告書の印刷代金は岐阜県自然環境保全連合から全額援助していただきました。

一人でも多くの方に、この報告書の内容を理解していただきたいと、市民の方やマスコミ関係者に集まっていただき、二〇一〇年七月二六日、岐阜市のハートフルスクエアで、執筆者一人ひとりから映像を使っての報告会を開催しました。

この報告会の最後に、山内克典団長から「調査団」の解散が宣言されました。

エピローグ

漁師さんから聞いたこと

河口堰が運用されて一八年後の二〇一三（平成二五）年三月二〇日、長良川の川漁師さんから、お話を聞く会に参加しました。

サツキマス漁で有名な大橋亮一さんによると河口堰運用前、一シーズン（五月）一〇〇〇匹の漁獲が普通だったのが、最近は多くて五〇〇匹になったとのことでした。

「半数も捕れているのなら、思ったほど減っていないな」と、一瞬思ったのですが、その後がありました。

サツキマス漁は川幅いっぱいに網を張り、川下から上ってくる魚を捕るのです。

これまで、大橋さん以外、三〇人の漁師が川下から順次網を張り、最上流（三六キロ地点）に位置していたのが、大橋さんの漁場でした。

上、下流には関係なく、ほぼ公平に漁獲量があるよう考慮されていたそうですが、河口堰運用後、次々と廃業し、今や大橋さんが最後のサツキマス漁師とのことでした。

すると、単純計算では、一〇〇〇（匹）×三〇（人）＝三万（匹）、三万（匹）÷五〇〇（匹）＝六〇。すなわち六〇分の一に減ったことになります。

そして大橋さんは、河口堰運用三年後ごろから、川底のアユの餌になる苔の上に大粒な石がたまり、アユが寄り付かなくなったとも発言されました。

この現象は、粕谷先生がかつて推測された「堰の影響で流速が落ち、上流から順次質量の高い（重い）土砂から川底に溜まり、環境ホルモンが付託しやすい軽い・小粒（表面積の大きい）の粒子が、最下流の堰付近に蓄積する」とも符合します。

そして、底生動物班の千藤克彦さんが調査したオオシロカゲロウが大発生したのが、川底に礫が堆積した地点であった事実とも符合するのではないかと思いました。

次に驚いたのは、岐阜市在住で長良川漁業組合副組合長の山中茂さんの発言でした。

山中さんは五〇年も前から、アユの人工授精を行っており、その方法を解説されました。人工授精させた受精卵をシュロの繊維につけ、金網を張った箱に入れておけば、孵化した稚魚は自然に流れに乗って海へ下っていたが、河口堰が運用されてからは、大変手間がかかるようになったとのことでした。

受精卵をシュロの繊維につけると、三日ほどでガイワレ（目ができる）する。それらが死なないように、注意しながらトラックに乗せ、四〇キロほど走り、堰右岸に作られた人工河川*まで運び、金網を張った箱に入れ、ぶら下げておくとのことでした。金網が破れていると、そこからエビ等が入り食われてしまったそうです。

また、受精卵が腐ったり、カビが生えたりしたなどの失敗談も披露されました。

この人工授精、孵化、放流は、山中さん個人の作業なのか、漁業組合の事業だったのかは聞きそびれましたが、民間人が漁業資源を守る手立てとして、人工授精を五〇年も前から行っていたことです。

そして成功していたことです。

人工河川――河口堰右岸の溢流堤下流に作られた二五〇メートルの人工河川。人工種苗化に成功したといわれる、海産アユの放流と公園とを目的に建設された。

前述した円卓会議の模様を思い出してください。

建設省に委託された学者が「昭和の初期からアユの種苗生産をやられておりますけれども、成功例がなかったわけでございますけれども、私どものところで淡海水循環濾過方式ということで、立派な海産アユを生産できるようになっております」と自慢しております。

建設省は、この学者のアユ人工種苗研究（？）に相当額の開発委託金を出しているはずです。

何のための開発研究であり、何のための税金投入だったのでしょうか。

その後、印刷物で知ったことですが、アユの人工授精の研究は、最初は山中さん個人であり、河口堰運用後は長良川漁協の事業として、年間九〇〇〇万個の孵化直前の卵を放流しているそうです。

私のみが知らなかったことかもしれませんが、現在河口堰直下でシジミ漁が復活したと聞きました。間違いなく私は「死の川底」と表現しました。聞くところ、ＤＯ船が川底を生き返らせたとのことでした。死の川底より、シジミの漁場であることのほうがいいに決まっています。

でも、喜ぶべきことでしょうか。

円卓会議でも話題になった、川底へ酸素を供給するＤＯ船の活躍です。

多分、私の推測ですが、ＤＯ船稼働の前に浚渫し、ヘドロも取り除いたのでしょう。

天野礼子氏の「一艘幾らかかったのか」の質問に、言葉を濁しながら「一億円以上」を認めたＤＯ船です。「一艘では大海に竿挿すようなもの」との、モニタリング委員からの発言も飛び出しました。現在何艘稼働しているのでしょうか。どれだけの血税が投入されているのでしょうか。今後シジミ漁が継続されるために、どのくらいの血税が投入され続けるのでしょうか。

シジミ漁も含め環境問題は「河口堰を開門すれば、それで事足れり」と思うのですが。

河口堰の目的は？

河口堰の目的は初期の「四日市市へ送る工業用水の供給」から「洪水対策」へと変わりました。洪水防止のためには浚渫が必要、そのためには塩水遡上を食い止める「潮止の堰」が必要だというのです。

あくまでも「洪水対策」であるはずです。

河口部付近に六六一メートルもの堰を築き「流れをよくする構築物である」とは誰もが考えません。

「流量の多い時には堰門を開ける」と言います。でも幅五メートル、一三本の堰柱《ピア》は固定されています。この六五メートルの説明ができるのでしょうか。素人の私には絶対に流れの阻害になるとしか考えられません。

堰を作ることが目的だったとしか考えられません。これが土建行政と言われるものでしょうか。

河口堰建設直後から、国民の間から堰の開門、撤去の要請が強くなりました。絶対に開門も撤去もできないのが、行政の立場です。実績が必要です。またぞろ、税金の使い道が考えられました。

河口堰で堰き止められた川水を、愛知用水の補助として知多半島に送ることでした。

一九九七（平成九）年、長良川左岸、堰上流一・七キロ地点から愛知県の知多浄水場まで長さ三四キロにわたる導水管が完成され、翌年より半田市や南知多町など、四市五町に給水が始まりました。

この直後、私は、これら地域の水道局職員の話を聞く機会がありました。

ほとんど全員「長良川の水はいらない」「長良川の水はまずい」と発言していました。岐阜市民としてとても残念ですが「長良川の水はまずい」は当然だと思います。取水口が堰上流一・七キロ地点です。大発生を予測されたユスリカも棲めない地点です。いくら清流長良川といえども、河口から五・四キロの最下流部に作られた堰で、ヘドロや環境ホルモン等の集積地です。さらに、浄化してあるとはいえ、都市排水まで流入しているのですから。

さらに、徳山ダムで貯水された水を長良川へ導入する計画が真実味を帯びてきました。地元民、多くの国民の反対を押し切り、多額の税金をつぎ込んで建設された徳山ダムは「貯水」以外の機能は（さまざまな理由はつけられていますが）ほとんど何も果たしていません。遅ればせながら、ただ今水力発電所が建設されてはいます。長良川にとって他から水を導入する必然性は何もありません。河口堰を開けられない理由の一つとして考えているのでしょうか。

ともかく、ここでも多額の血税が投入されようとしているのです。

本物の民主主義を

私たちが「長良川下流域生物相調査団」を発足させた一九九〇年から解散した二〇一〇年までの間に、関わった建設大臣（途中から国土交通大臣）は一四名。環境庁長官（環境大臣）は二四名にもなります。これで一貫した行政が行えるのでしょうか。

私は、この中の何人かの方に直接関わりを持ちました。

河口堰建設に疑問を呈したり、慎重な態度を示したりされた建設大臣もおられました。

私たちの言葉に耳を傾けるばかりか、自ら反対派の集会で講演までされた元環境庁長官もおられました。

国民の代表である国会議員の中から選ばれた閣僚です。それぞれ行政のトップです。

そのトップの意向がどうあろうと、その下であるはずの行政の態度は一貫していました。綻びが出ると、大量の税金を投入し、その場しのぎの取り繕いを見せました。これが、「役人天国」と言われる、この国の姿です。

長良川河口堰問題で私の見た「役人天国」と血税無駄遣の実態とを、自分の胸にとどめておくことができず、非才をも顧みず、この小著をしたためました。

ありがとうございました

この小著を、お読み下さったすべての方に、お礼申し上げます。ありがとうございました。「長良川下流域生物相調査団員」として頑張ってくださった皆様、ご苦労様でした。おかげさまでこの小著を書き上げることができました。ありがとうございました。

文中、お名前を書かせていただいた方々の、ご職業や地位はその時点でのものです。約二〇年間の記録です。その間、当然肩書が変わった方もおられます。さらに鬼籍に入られた方もおられ、悲しみに堪えません。心からご冥福をお祈りいたします。調査団員のご家族の皆様にもお礼を申し上げます。土日、祝日、さらに時期によっては徹夜での調査に送り出してくださったご家族のおかげで、この調査も望外の成果を収めることができました。

心から感謝申し上げます。ありがとうございました。

さらに取材とともに、調査に協力をいただいたマスコミ関係の皆様、ありがとうございました。一応、私の記憶に残る社名だけ記し、感謝の気持ちに代えさせていただきます。

読売新聞、岐阜新聞、毎日新聞、中日新聞、朝日新聞、名古屋テレビ、ＮＨＫ、共同通信。これら各社の皆様方を懐かしく思い出しています。ありがとうございました。

本書出版にあたり、岐阜新聞社の野村克之さんには相談にのっていただきました。友人・小野木三郎君には快く挿絵を描いていただきました。出版を引き受けていただいた築地書館にも心からの感謝を表します。

本書の原稿を書き終え、最初のゲラ刷校正も終えたある晩（二〇一三年七月二日だったと思います）夕食時にテレビニュースで「国際自然保護連合がニホンウナギを絶滅危惧種に指定する方向で協議中」と伝えていました。その要因として、研究者の一人が「河口堰の存在」を挙げていました。青天の霹靂でした。私も何度か河口堰によって消えたアシ原でウナギの稚魚（シラスウナギ）を目撃していました。そして、シラスウナギの激減で養鰻業者が悲鳴をあげていることも知っていました。しかし、それは乱獲によるものとの思い込みから、河口堰と結びつけてはいませんでした。私の頭から完全に欠落していました。シラスウナギを目撃しながら調査はしませんでした。日本を代表する食文化の危機に全く無関心でした。赤面の至りです。本書の最後に、大恥をかくとは思ってもいませんでした。

著者紹介：伊東祐朔（いとう　ゆうさく）
1939年大阪生まれ。岐阜大学生物学科卒業後、岐阜東高等学校赴任。2000年退職。「長良川下流域生物相調査団」発足から解散までの20年間事務局長として、長良川の変貌を見守り続けた。
著書には、『カモシカ騒動記』『ぼくはニホンカモシカ』、30数回に及ぶアフリカへの調査旅行をもとに執筆した『ぼくゴリラ』（以上築地書館）のほか、自身のルーツを探った『豊臣方落人の隠れ里』などがある。また、共著として、『長良川下流域生物相調査報告書』『長良川下流域生物相調査報告書2010　――河口堰運用15年後の長良川』（以上、長良川下流域生物相調査団）、『長良川河口堰が自然環境に与えた影響』（日本自然保護協会）などがある。

終わらない河口堰問題——長良川に沈む生命と血税

2013年8月20日　初版発行

著者　伊東祐朔
発行者　土井二郎
発行所　築地書館株式会社
東京都中央区築地7-4-4-201　〒104-0045
TEL 03-3542-3731　FAX 03-3541-5799
http://www.tsukiji-shokan.co.jp/
振替 00110-5-19057
印刷・製本　シナノ印刷株式会社
装丁　吉野愛

ISBN 978-4-8067-1464-4　C0045